装配式建筑技术手册

（混凝土结构分册）

生产篇

江苏省住房和城乡建设厅
江苏省住房和城乡建设厅科技发展中心　编著

中国建筑工业出版社

图书在版编目（CIP）数据

装配式建筑技术手册. 混凝土结构分册. 生产篇 /
江苏省住房和城乡建设厅，江苏省住房和城乡建设厅科技
发展中心编著. — 北京：中国建筑工业出版社，2021.3
ISBN 978-7-112-25950-2

Ⅰ. ①装… Ⅱ. ①江… ②江… Ⅲ. ①装配式混凝土
结构-装配式构件-生产工艺-技术培训-手册 Ⅳ.
①TU3-62

中国版本图书馆 CIP 数据核字（2021）第 040303 号

责任编辑：张 磊 宋 凯 王砾瑶 张智芊
责任校对：张 颖

装配式建筑技术手册（混凝土结构分册）生产篇
江 苏 省 住 房 和 城 乡 建 设 厅
　　　　　　　　　　　　　　　　编著
江苏省住房和城乡建设厅科技发展中心

*

中国建筑工业出版社出版、发行(北京海淀三里河路 9 号)
各地新华书店、建筑书店经销
北京鸿文瀚海文化传媒有限公司制版
北京建筑工业印刷厂印刷

*

开本：787 毫米×1092 毫米 1/16 印张：15¾ 字数：385 千字
2021 年 5 月第一版 2021 年 5 月第一次印刷
定价：**58.00** 元
ISBN 978-7-112-25950-2
(36633)

《装配式建筑技术手册（混凝土结构分册）》
编写委员会

主　　任：周　岚　顾小平

副 主 任：刘大威　陈　晨

编　　委：路宏伟　张跃峰　韩建忠　刘　涛　张　赟
　　　　　赵　欣

主　　编：刘大威

副 主 编：孙雪梅　田　炜

参编人员：江　淳　俞　锋　韦　笑　丁惠敏　祝一波
　　　　　庄　玮

审查委员会

娄　宇　樊则森　栗　新　田春雨　王玉卿
郭正兴　汤　杰　朱永明　鲁开明

设计篇

编写人员： 胡　宏　　陈乐琦　　赵宏康　　赵学斐　　曲艳丽
卞光华　　郭　健　　李昌平　　张　梁　　张　奕
廖亚娟　　杨承红　　黄心怡　　李　宁

生产篇

编写人员： 诸国政　　沈鹏程　　江　淳　　朱张峰　　于　春
仲跻军　　陆　峰　　张后禅　　丁　杰　　王　儇
颜廷鹏　　吴慧明　　金　龙　　陆　敏

施工篇

编写人员： 程志军　　王金卿　　贺鲁杰　　李国建　　陈耀钢
任超洋　　周建中　　朱　峰　　白世烨　　韦　笑
张　豪　　张周强　　施金浩　　张　庆　　吉晔晨
汪少波　　陈　俊　　张　军

BIM 篇

编写人员： 张　宏　　吴大江　　卞光华　　章　杰　　诸国政
汪丛军　　叶红雨　　罗佳宁　　刘　沛　　王海宁
陶星宇　　苏梦华　　汪　深　　周佳伟　　沈　超
张睿哲

序

　　建筑业作为支柱产业,长期以来支撑着我国国民经济的发展。在我国全面建成小康社会、实现第一个百年奋斗目标的历史阶段,坚持高质量发展、推进以人为核心的新型城镇化、推动绿色低碳发展是当前建设领域的重要任务。当前建筑业还存在大而不强,建造方式粗放,与先进制造技术、新一代信息技术融合不够,建筑行业转型升级步伐亟需加快等问题,以装配式建筑为代表的新型建筑工业化,是促进建设领域节能减排、提升建筑品质的重要手段,也是推动建筑业转型升级的重要途径。

　　发展装配式建筑,应引导从业人员在产品思维下,以设计、生产、施工建造等全产业链协同模式,通过技术系统集成,实现装配式建筑技术合理、成本可控、质量优越。

　　江苏是建筑业大省,建筑业规模持续位居全国第一,长期以来在推动装配式建筑的政策引导、技术提升、标准完善等方面做了大量基础性工作,取得了显著成效。江苏省住房和城乡建设厅、江苏省住房和城乡建设厅科技发展中心编著的《装配式建筑技术手册(混凝土结构分册)》,把握装配式建筑系统性、集成性的产品特点,以实际应用为目的,在总结提炼大量装配式混凝土建筑优秀工程案例的基础上,对建造各环节进行整体把握、对重要节点进行具体阐述。本书采取图文结合的形式,既有对现行国家标准的深化和细化,又有对当前装配式混凝土建筑成熟技术体系、构造措施和施工工艺工法的总结提炼。全书体例新颖、通俗易懂,具有较强的实操性和指导性,可作为装配式混凝土建筑全产业链从业人员的工具书,对于相应专业的高校师生也有很好的借鉴、参考和学习价值。相信本书的出版,将为推动新型建筑工业化发展发挥积极作用。

全国工程勘察设计大师

教 授 级 高 级 工 程 师

2021 年 2 月

前　言

　　2021年是"十四五"开局之年，中国已进入新的发展阶段，住房和城乡建设是落实新发展理念、推动高质量发展的重要载体和主要战场。建筑业在与先进制造业、新一代信息技术深度融合发展方面有着巨大的潜力，以"标准化设计、工厂化生产、装配化施工、成品化装修、信息化管理、智能化应用"为特征的装配式建筑，因有利于节约能源资源、有利于提质增效，近年来取得了长足发展。

　　江苏省作为首批国家建筑产业现代化试点省份，装配式建筑的项目数量多、类型丰富，开展了大量的相关创新实践。为提升装配式建筑从业人员技术水平，保障装配式建筑高质量发展，江苏省住房和城乡建设厅、江苏省住房和城乡建设厅科技发展中心组织编著了《装配式建筑技术手册（混凝土结构分册）》，在梳理、细化现行标准的基础上，总结提炼大量工程实践应用，系统呈现当前装配式混凝土建筑的成熟技术体系、构造措施和施工工艺工法，便于技术人员学习和查阅，是一套具有实际指导意义的工具书。

　　本手册共分"设计篇"、"生产篇"、"施工篇"及"BIM篇"四个分篇。"设计篇"系统梳理了装配式混凝土建筑一体化设计方面的理念、流程和经验做法；"生产篇"针对预制混凝土构件、加气混凝土墙板、陶粒混凝土墙板等主要预制构件产品，提出了科学合理的构件生产工艺工法与质量控制措施；"施工篇"总结了较为成熟的装配式混凝土建筑施工策划、施工方案及施工工艺，提出了施工策划、施工方案、施工安全等方面的重点控制要点；"BIM篇"创新引入了层级化系统表格的表达方式，归纳总结了装配式建筑BIM技术应用的理念和方法。

　　"设计篇"主要由南京长江都市建筑设计股份有限公司、江苏筑森建筑设计股份有限公司、江苏省建筑设计研究院有限公司和启迪设计集团股份有限公司编写。

　　"生产篇"主要由南京大地建设集团有限公司、南京工业大学、常州砼筑建筑科技有限公司、江苏建华新型墙材有限公司和苏州旭杰建筑科技股份有限公司编写。

　　"施工篇"主要由龙信建设集团有限公司、中亿丰建设集团股份有限公司、江苏中南建筑产业集团有限责任公司、江苏华江建设集团有限公司和江苏绿建住工科技有限公司编写。

　　"BIM篇"主要由东南大学、南京工业大学、中通服咨询设计研究院有限公司、江苏省建筑设计研究院有限公司、中亿丰建设集团股份有限公司、江苏龙腾工程设计股份有限公司和南京大地建设集团有限公司编写。

　　本手册力求以突出装配式建筑的系统性、集成性为编制原则，以实际应用为目的，采取图表形式描述，通俗易懂，具有较好的实操性和指导性。本手册的编写凝聚了所有参编人员和专家的集体智慧，是共同努力的成果。由于编写时间紧，篇幅长，内容多，涉及面广，加之水平和经验有限，手册中仍难免有疏漏和不妥之处，敬请同行专家和广大读者朋友不吝赐教、斧正批评。

本书编委会

2021 年 2 月

目　录

概　述

　　装配式建筑是将建筑的部分或全部构件在预制构件工厂生产完成，然后运输至施工现场，采用可靠的安装连接方式将构件组装而成的具备使用功能的建筑物。其建造过程具有"五化一体"的特点，即标准化设计、工厂化生产、装配化施工、一体化装修和信息化管理。与传统现浇建筑相比，装配式建筑是一种可实现绿色环保、提升建筑品质并加速工业化转型的工程建造新模式。

　　从结构上说，装配式建筑可以分类为装配式混凝土建筑、装配式钢结构建筑和装配式木结构建筑，而装配式混凝土建筑由于其优异的特性，在我国占主导地位，具有成本相对低、居住舒适度高、适用范围广等优势。

　　装配式混凝土建筑结构体系可以分为：装配式框架结构、装配式剪力墙体系、装配式框架-剪力墙结构。装配式框架结构体系常用预制构件一般包括柱、梁、板、楼梯、阳台、外墙等，该体系一般适用于60m以下的建筑。装配式剪力墙体系常用预制构件一般包括主要受力构件剪力墙、梁、板部分或全部由预制混凝土构件（预制墙板、叠合梁、叠合板）组成的装配式混凝土结构，该体系一般适用高层与超高层建筑。装配式框架-剪力墙体系根据预制构件部位的不同，可以分为预制框架-现浇剪力墙结构、预制框架-现浇核心筒结构、预制框架-预制剪力墙结构三种形式，兼有框架结构和剪力墙结构的特点，体系中剪力墙和框架布置灵活，易实现大空间，适用高度较高。

　　20世纪50年代，我国借鉴当时苏联和东欧各国的经验在国内推行装配式建筑，以混凝土结构为主的装配式建筑得到快速发展。到了80年代，由于抗震性能差、防水、隔声等问题的出现，装配式建筑发展进入低谷期。进入21世纪，在"环保趋严＋劳动力紧缺"背景下，装配式建筑迎来发展新契机。2013年以来，中央及地方政府持续出台相关政策大力推广装配式建筑，加之装配式技术发展日趋成熟，我国装配式建筑行业也迎来快速发展新阶段。

　　预制构件生产是保证装配式混凝土结构质量及安全的重要环节，一直受到行业的广泛关注。通过引进、消化、吸收和再创新，国内预制构件工厂化生产水平逐步提高，与设计、运输及施工环节沟通越来越紧密。其构件的设计标准化程度越高，模具的利用率越高，工厂的生产效率越高，相应的成本也随之下降。配合工厂的智能化生产、信息化管理，整个装配式建筑的性价比会越来越高。

　　1. 前期策划设计

　　装配式建筑项目需从立项规划文件就采用装配式建筑设计的思路，在满足建筑使用功能和性能的前提下，采用模数化、标准化、集成化的设计方法，建立合理、可靠、可行的建筑技术通用体系，实现建筑的装配化建造。

　　（1）模数化设计：装配式建筑标准化设计的基础是模数化设计，是以基本构成单元或功能空间为模块采用基本模数、扩大模数、分模数的方法，实现建筑主体结构、建筑内装修以及部品部件等相互间的尺寸协调。建筑部件及连接节点采用模数协调的方法确定设计尺寸，使所有的部件部品成为一个整体，构造节点的模数协调，可以实现部件和连接节点的标准化，提高部件的通用性和互换性。

（2）标准化设计：装配式混凝土建筑的标准化设计是采用模数化、模块化及系列化的设计方法，遵循"少规格、多组合"的原则，将建筑基本单元、连接构造、构配件、建筑部品及设备管线等尽可能满足重复率高、规格少、组合多的要求。建筑的基本单元模块通过标准化的接口，按照功能要求进行多样化组合，建立多层级的建筑组合模块，形成可复制可推广的建筑单体。

（3）集成化设计：装配式建筑系统性集成包括建筑主体结构的系统与技术集成、围护结构的系统及技术集成、设备与管线的系统及技术集成，以及建筑内装修的系统及技术集成。建筑主体结构系统可以集成建筑结构技术、构件拆分与连接技术、施工与安装技术等，并将设备、内装专业所需要的前置预留条件均集成到建筑构件中；围护结构系统应将建筑外观与围护性能相结合，考虑外窗、遮阳、空调隔板等与预制外墙板的组合，可集成承重、保温和外装饰等技术；设备及管线系统可以应用管线系统的集约化技术与设备能效技术，保证系统的集成高效；建筑内装修系统应采用集成化的干法施工技术，可以采用结构体与装修体相分离的 CSI 住宅建筑体系，做到安装快捷、无损维修、优质环保。

（4）装配式建筑在设计阶段进行前期整体策划，以统筹规划设计、构件部品生产、施工建造和运营维护全过程，考虑到各环节相应的客观条件和技术问题，在技术设计之前确定技术标准和方案选型。在技术设计阶段应进行建筑、结构、机电设备、室内装修一体化设计，充分将各专业的技术系统相协调，避免施工时序交叉出现的技术矛盾。技术设计阶段考虑与后续预制构件、设备、部品的技术衔接，保证在施工环节的顺利对接，对于预制构件来说，其集成的技术越多，后续的施工环节越容易，这是预制构件发展的方向。

（5）利用 BIM 技术提高装配式建筑协同设计效率、降低设计误差，优化预制构件的生产流程，改善预制构件库存管理、模拟优化施工流程，实现装配式建筑运维阶段的质量管理和能耗管理，有效提高装配式建筑设计、生产和施工的效率。

2.预制构件工厂化生产

（1）预制构件工厂化生产采用自动化流水线、机组流水线、长线台座生产线生产标准定型预制构件并兼顾异型预制构件，采用固定台模线生产房屋建筑预制构件，满足预制构件的批量生产加工和集中供应要求。

（2）预制工厂化生产技术包括预制构件工厂规划设计、各类预制构件生产工艺设计、预制构件模具方案设计及其加工技术、钢筋制品机械化加工和成型技术、预制构件机械化成型技术、预制构件节能养护技术以及预制构件生产质量控制技术等。

（3）以自动置模、精确布料、智能输送、智能养护等单元为关键节点的成套数字化制造装备；建立了预制混凝土构件信息模型，制定了构件生产全过程的数据标准，运用基于云平台的作业计划、生产调度、堆场管理等智能决策系统，实现了构件工厂化生产的信息化和智能化。

考虑到系统介绍预制构件生产工艺的资料较少，为适应当前国内预制构件生产的技术需求，对预制混凝土构件生产全流程涉及的材料、生产准备、构件生产与管理、堆放、吊运和防护、资料管理及建筑轻质条板隔墙（包括加气混凝土墙板、蒸压陶粒混凝土墙板）的生产技术进行了总结和凝练，形成了本手册，以供生产一线的工程管理人员、技术人员和生产工人借鉴。

第一部分　预制混凝土构件

第一章　材　料

1.1　混凝土

1.1.1　水泥

水泥是一种粉状水硬性无机胶凝材料，加水搅拌后成浆体，能在空气中硬化或者在水中硬化，并能把砂、石等材料牢固地胶结在一起，作为混凝土成型的胶凝材料。水泥的质量要求见表1-1。

水泥的质量要求　　　　　　　　　　　　　　　　　表 1-1

项次	项目	具体要求
1	品种	1. 配制混凝土可采用硅酸盐水泥、普通硅酸盐水泥、矿渣硅酸盐水泥、火山灰硅酸盐水泥、粉煤灰硅酸盐水泥和复合硅酸盐水泥，并根据混凝土工程特点、现场环境条件及设计需求进行合理选用，同时应符合现行国家标准《通用硅酸盐水泥》GB 175 的有关规定。 2. 通用硅酸盐水泥的组成材料包括硅酸盐水泥熟料、石膏、活性混合材料、非活性混合材料、窑灰及助磨剂。根据《通用硅酸盐水泥》GB 175 的有关规定，水泥的组分应符合表1-2的要求
2	化学指标	根据《通用硅酸盐水泥》GB 175 的有关规定，通用硅酸盐水泥的化学指标要求见表1-3
3	碱含量 （选择性指标）	水泥中碱含量按 $Na_2O+0.658K_2O$ 计算值表示。若使用活性骨料，用户要求提供低碱水泥时，水泥中的碱含量应不大于 0.60% 或由买卖双方协商确定
4	物理指标	1. 凝结时间：硅酸盐水泥初凝时间不小于 45min，终凝时间不大于 390min；普通硅酸盐水泥、矿渣硅酸盐水泥、火山灰硅酸盐水泥、粉煤灰硅酸盐水泥和复合硅酸盐水泥初凝时间不小于 45min，终凝时间不大于 600min。 2. 安定性：煮沸法合格
5	强度	水泥强度等级的选择应与混凝土的设计强度等级相适应。根据《通用硅酸盐水泥》GB 175 的有关规定，不同品种和强度等级的通用硅酸盐水泥在不同龄期的强度要求见表1-4
6	细度 （选择性指标）	硅酸盐水泥和普通硅酸盐水泥的细度以比表面积表示，其比表面积不小于 $300m^2/kg$；矿渣硅酸盐水泥、火山灰硅酸盐水泥、粉煤灰硅酸盐水泥和复合硅酸盐水泥的细度以筛余表示，其 $80\mu m$ 方孔筛筛余不大于 10% 或 $45\mu m$ 方孔筛筛余不大于 30%

水泥的品种、代号与组分（%） 表1-2

品种	代号	组分				
		熟料＋石膏	粒化高炉矿渣	火山灰质混合材料	粉煤灰	石灰石
硅酸盐水泥	P·Ⅰ	100	—	—	—	—
	P·Ⅱ	≥95	≤5			
		≥95				≤5
普通硅酸盐水泥	P·O	≥80且<95	>5且≤20ᵃ			

ᵃ 本组分材料为符合《通用硅酸盐水泥》GB 175 第5.2.3条的活性混合材料，其中允许用不超过水泥质量8%且符合《通用硅酸盐水泥》GB 175 第5.2.4条的非活性混合材料或不超过水泥质量5%且符合《通用硅酸盐水泥》GB 175 第5.2.5条的窑灰代替。

通用硅酸盐水泥化学指标要求（%） 表1-3

品种	代号	不溶物（质量分数）	烧失量（质量分数）	三氧化硫（质量分数）	氧化镁（质量分数）	氯离子（质量分数）
硅酸盐水泥	P·Ⅰ	≤0.75	≤3.0	≤3.5	≤5.0ᵃ	≤0.06ᵇ
	P·Ⅱ	≤1.50	≤3.5			
普通硅酸盐水泥	P·O	—	≤5.0			

ᵃ 如果水泥压蒸试验合格，则水泥中氧化镁的含量（质量分数）允许放宽至6.0%。
ᵇ 当有更低要求时，该指标由买卖双方协商确定。

通用硅酸盐水泥强度指标要求（MPa） 表1-4

品种	强度等级	抗压强度		抗折强度	
		3d	28d	3d	28d
硅酸盐水泥	42.5	≥17.0	≥42.5	≥3.5	≥6.5
	42.5R	≥22.0		≥4.0	
	52.5	≥23.0	≥52.5	≥4.0	≥7.0
	52.5R	≥27.0		≥5.0	
	62.5	≥28.0	≥62.5	≥5.0	≥8.0
	62.5R	≥32.0		≥5.5	
普通硅酸盐水泥	42.5	≥17.0	≥42.5	≥3.5	≥6.5
	42.5R	≥22.0		≥4.0	
	52.5	≥23.0	≥52.5	≥4.0	≥7.0
	52.5R	≥27.0		≥5.0	

1.1.2 砂

砂颗粒直径在0.16～5mm之间，一般采用天然砂，如河砂、山谷砂等，当缺乏天然砂时，也可用坚硬岩石磨碎的人工砂。砂的质量要求见表1-5。

砂的质量要求 表 1-5

项次	项目	具体要求
1	颗粒级配	1. 砂的粗细程度按细度模数分为粗、中、细、特细四级,除特细砂外,砂的颗粒级配可按公称直径 630μm 筛孔的累计筛余量(以质量百分率计),分成三个级配区(见表 1-6),且砂的颗粒级配应处于表 1-6 中的某一区内。 2. 配制混凝土时宜优先选用Ⅱ区砂。当采用Ⅰ区砂时,应提高砂率,并保持足够的水泥用量,满足混凝土的和易性;当采用Ⅲ区砂时,宜适当降低砂率;当采用特细砂时,应符合相应的规定。配制泵送混凝土,宜选用中砂
2	含泥量	1. 天然砂中含泥量应符合表 1-7 的规定。 2. 对于有抗冻、抗渗或其他特殊要求的小于或等于 C25 混凝土用砂,其含泥量不应大于 3.0%
3	泥块含量	1. 砂中泥块含量应符合表 1-8 的规定。 2. 对于有抗冻、抗渗或其他特殊要求的小于或等于 C25 混凝土用砂,其泥块含量不应大于 1.0%
4	石粉含量	人工砂或混合砂中石粉含量应符合表 1-9 的规定
5	坚固性	砂的坚固性应采用硫酸钠溶液检验,试样经 5 次循环后,其质量损失应符合表 1-10 的规定
6	人工砂的总压碎值指标	人工砂的总压碎值指标应小于 30%
7	有害物质	1. 当砂中含有云母、轻物质、有机物、硫化物及硫酸盐等有害物质时,其含量应符合表 1-11 的规定。 2. 对于有抗冻、抗渗要求的混凝土用砂,其云母含量不应大于 1.0%。 3. 当砂中含有颗粒状的硫酸盐或硫化物杂质时,应进行专门检验,确认能满足混凝土耐久性要求后,方可采用
8	碱活性	对于长期处于潮湿环境的重要混凝土结构用砂,应采用砂浆棒(快速法)或砂浆长度法进行骨料的碱活性检验。经上述检验判断为有潜在危害时,应控制混凝土中的碱含量不超过 $3kg/m^3$,或采用能抑制碱骨料反应的有效措施
9	氯离子含量	对于钢筋混凝土用砂,其氯离子含量不得大于 0.06%(以干砂的质量百分率计);对于预应力混凝土用砂,其氯离子含量不得大于 0.02%(以干砂的质量百分率计)

砂颗粒级配区 表 1-6

累计筛余(%) 级配区 公称粒径	Ⅰ区	Ⅱ区	Ⅲ区
5.00mm	10～0	10～0	10～0
2.50mm	35～5	25～0	15～0
1.25mm	65～35	50～10	25～0

累计筛余(%) 级配区 公称粒径	Ⅰ区	Ⅱ区	Ⅲ区
630μm	85～71	70～41	40～16
315μm	95～80	92～70	85～55
160μm	100～90	100～90	100～90

天然砂中含泥量　　　　　　　　表1-7

混凝土强度等级	≥C60	C55～C30	≤C25
含泥量(按质量计,%)	≤2.0	≤3.0	≤5.0

砂中泥块含量　　　　　　　　表1-8

混凝土强度等级	≥C60	C55～C30	≤C25
泥块含量(按质量计,%)	≤0.5	≤1.0	≤2.0

人工砂或混合砂中石粉含量　　　　　　　　表1-9

混凝土强度等级		≥C60	C55～C30	≤C25
石粉含量(%)	MB<1.4(合格)	≤5.0	≤7.0	≤10.0
	MB≥1.4(不合格)	≤2.0	≤3.0	≤5.0

砂的坚固性指标　　　　　　　　表1-10

混凝土所处的环境条件及其性能要求	5次循环后的质量损失(%)
在严寒及寒冷地区室外使用并经常处于潮湿或干湿交替状态下的混凝土 对于有抗疲劳、耐磨、抗冲击要求的混凝土 有腐蚀介质作用或经常处于水位变化区的地下结构混凝土	≤8
其他条件下的混凝土	≤10

砂中的有害物质含量　　　　　　　　表1-11

项目	质量指标
云母含量(按质量计,%)	≤2.0
轻物质含量(按质量计,%)	≤1.0
硫化物及硫酸盐含量(折算成SO_3按质量计,%)	≤1.0
有机物含量(用比色法试验)	颜色不应深于标准色。当颜色深于标准色时,应按水泥胶砂强度试验方法进行强度对比试验,抗压强度不应低于0.95

1.1.3　石

石颗粒直径大于5mm,常用的有碎石和卵石,在同样条件下,碎石混凝土的强度比卵石混凝土的高，但碎石是由岩石轧碎而成，成本比卵石高。轻骨料混凝土中常用的粗骨料有浮石等天然多孔岩石，陶粒、膨胀矿渣等人造多孔骨料。石的质量要求见表1-12。

石的质量要求 表 1-12

项次	项目	具体要求
1	颗粒级配	1.碎石或卵石的颗粒级配，应符合表1-13的要求，混凝土用石应采用连续粒级。 2.单粒级宜用于组合成满足要求的连续粒级；也可与连续粒级混合使用，以改善其级配或配成较大粒度的连续粒级。 3.当卵石的颗粒级配不符合表1-13的要求时，应采取措施并经试验证实能保证工程质量后，方允许使用
2	针状、片状颗粒含量	碎石或卵石中针状、片状颗粒含量应符合表1-14的规定
3	含泥量	1.碎石或卵石中的含泥量应符合表1-15的规定。 2.对于有抗冻、抗渗或其他特殊要求的混凝土，其所用碎石或卵石的含泥量不应大于1.0%。当碎石或卵石的含泥是非黏土质的石粉时，其含泥量可由表中的0.5%、1.0%、2.0%，分别提高到1.0%、1.5%、3.0%
4	泥块含量	1.碎石或卵石中的泥块含量应符合表1-16的规定。 2.对于有抗冻、抗渗或其他特殊要求的强度等级小于C30的混凝土，其所用碎石或卵石中泥块含量应不大于0.5%
5	强度	1.碎石的强度可用岩石的抗压强度和压碎值指标表示。岩石的抗压强度应比所配制的混凝土强度至少高20%。当混凝土强度等级大于或等于C60时，应进行岩石抗压强度检验。岩石强度首先应由生产单位提供，工程中可采用压碎值指标进行质量控制。碎石的压碎值指标宜符合表1-17的规定。 2.卵石的强度可用压碎值指标表示，其压碎值指标应符合表1-18的规定
6	坚固性指标	碎石或卵石的坚固性应用硫酸钠溶液法检验，试验经5次循环后，其质量损失应符合表1-19的规定
7	有害物质含量	1.碎石或卵石中的硫化物和硫酸盐含量以及卵石中有机物等有害物质含量，应符合表1-20的规定。 2.当碎石或卵石中含有颗粒状硫酸盐或硫化物杂质时，应进行专门检验，确认能满足混凝土耐久性要求后，方可采用
8	碱活性检验	1.对于长期处于潮湿环境的重要结构混凝土，其所使用的碎石或卵石应进行碱活性检验。 2.进行碱活性检验时，首先应采用岩相法检验碱活性骨料的品种、类型和数量。当检验出骨料中含有活性二氧化硅时，应采用快速砂浆法和砂浆长度法进行碱活性检验；当检验出骨料中含有活性碳酸盐时，应采用岩石柱法进行碱活性检验。 3.经上述检验，当判定骨料存在潜在碱-碳酸盐反应危害时，不宜用作混凝土骨料；否则，应通过专门的混凝土试验，做最后评定。 4.当判定骨料存在潜在碱-硅反应危害时，应控制混凝土中的碱含量不超过3kg/m³，或采用能抑制碱-骨料反应的有效措施

碎石或卵石的颗粒级配范围   表 1-13

级配情况	公称粒径(mm)	累计筛余(按质量计,%)											
		方孔筛筛孔边长尺寸(mm)											
		2.36	4.75	9.5	16.0	19.0	26.5	31.5	37.5	53.0	63.0	75.0	90
连续粒级	5~10	95~100	80~100	0~15	0	—	—	—	—	—	—	—	—
	5~16	95~100	85~100	30~60	0~10	0	—	—	—	—	—	—	—
	5~20	95~100	90~100	40~80	—	0~10	—	—	—	—	—	—	—
	5~25	95~100	90~100	—	30~70	—	0~5	0	—	—	—	—	—
	5~31.5	95~100	90~100	70~90	—	15~45	—	0~5	0	—	—	—	—
	5~40	—	95~100	70~90	—	30~65	—	—	0~5	0	—	—	—
单粒级	10~20	—	95~100	85~100	—	0~15	0	—	—	—	—	—	—
	16~31.5	—	95~100		85~100	—	—	0~10	0	—	—	—	—
	20~40	—		95~100	—	80~100	—	—	0~10	0	—	—	—
	31.5~63	—			95~100	—	75~100	45~75	—	0~10	0	—	—
	40~80	—				95~100	—	—	70~100	—	30~60	0~10	0

针、片状颗粒含量   表 1-14

混凝土强度等级	≥C60	C55~C30	≤C25
针、片状颗粒含量(按质量计,%)	≤8	≤15	≤25

碎石或卵石中的含泥量   表 1-15

混凝土强度等级	≥C60	C55~C30	≤C25
含泥量(按质量计,%)	≤0.5	≤1.0	≤2.0

碎石或卵石中的泥块含量   表 1-16

混凝土强度等级	≥C60	C55~C30	≤C25
泥块含量(按质量计,%)	≤0.2	≤0.5	≤0.7

碎石的压碎值指标   表 1-17

岩石品种	混凝土强度等级	碎石压碎值指标(%)
沉积岩	C60~C40	≤10
	≤C35	≤16
变质岩或深成的火成岩	C60~C40	≤12
	≤C35	≤20

岩石品种	混凝土强度等级	碎石压碎值指标（%）
喷出的火成岩	C60～C40	≤13
	≤C35	≤30

注：沉积岩包括石灰岩、砂岩等。变质岩包括片麻岩、石英岩等。深成的火成岩包括花岗岩、正长岩、闪长岩和橄榄岩等。喷出的火成岩包括玄武岩和辉绿岩等。

卵石的压碎值指标　　　　　　　　　　　　　表 1-18

混凝土强度等级	C60～C40	≤C35
压碎值指标（%）	≤12	≤16

碎石或卵石的坚固性指标　　　　　　　　　　表 1-19

混凝土所处的环境条件及其性能要求	5 次循环后的质量损失（%）
在严寒及寒冷地区室外使用，并经常处于潮湿或干湿交替状态下的混凝土；有腐蚀性介质作用或经常处于水位变化区的地下结构或有抗疲劳、耐磨、抗冲击等要求的混凝土	≤8
在其他条件下使用的混凝土	≤12

碎石或卵石中的有害物质含量　　　　　　　　表 1-20

项目	质量要求
硫化物及硫酸盐含量（折算成 SO_3，按质量计，%）	≤1.0
卵石中有机物含量（用比色法试验）	颜色应不深于标准色。当颜色深于标准色时，应配制成混凝土进行强度对比试验，抗压强度比应不低于 0.95

1.1.4　矿物掺合料

矿物掺合料是以硅、铝、钙等一种或多种氧化物为主要成分，具有规定细度，掺入混凝土中能改善混凝土性能的粉体材料，其主要种类见表 1-21。

矿物掺合料种类　　　　　　　　　　　　　　表 1-21

项次	种类	备注
1	粉煤灰	煤粉炉烟道气体中收集的粉末。 粉煤灰按煤种和氧化钙含量分为 F 类和 C 类。 F 类粉煤灰——由无烟煤或烟煤燃烧收集的粉煤灰。 C 类粉煤灰——氧化钙含量一般大于 10%，由褐煤或次烟煤燃烧收集的粉煤灰

项次	种类	备注
2	粒化高炉矿渣粉	从炼铁高炉中排出的,以硅酸盐和铝硅酸盐为主要成分的熔融物,经淬冷成粒后粉磨所得的粉体材料
3	硅灰	在冶炼硅铁合金或工业硅时通过烟道排出的粉尘,经收集得到的以无定形二氧化硅为主要成分的粉体材料
4	复合矿物掺合料	将本表所列的两种或两种以上矿物掺合料按一定比例复合后的粉体材料

注:1. 掺矿物掺合料的混凝土,宜采用硅酸盐水泥和普通硅酸盐水泥。当采用其他品种水泥时,应了解水泥中混合材的品种和掺量,并通过充分试验确定矿物掺合料的掺量。
2. 配制混凝土时,宜同时掺用矿物掺合料与外加剂,其组分之间应有良好的相容性,矿物掺合料及外加剂的品种和掺量应通过混凝土试验确定。
3. 掺用本表以外的矿物掺合料时,应经过系统、充分试验验证之后再行使用。
4. 矿物掺合料的放射性核素应符合现行国家标准《建筑材料放射性核素限量》GB 6566 的有关规定。

拌制砂浆和混凝土用粉煤灰的理化性能要求应符合表 1-22 的规定。

拌制砂浆和混凝土用粉煤灰的理化性能要求　　　　表 1-22

项目		理化性能要求		
		Ⅰ级	Ⅱ级	Ⅲ级
细度(45μm 方孔筛筛余,%)	F 类粉煤灰	≤12.0	≤30.0	≤45.0
	C 类粉煤灰			
需水量比(%)	F 类粉煤灰	≤95	≤105	≤115
	C 类粉煤灰			
烧失量(Loss,%)	F 类粉煤灰	≤5.0	≤8.0	≤10.0
	C 类粉煤灰			
含水量(%)	F 类粉煤灰	≤1.0		
	C 类粉煤灰			
三氧化硫(SO_3)质量分数(%)	F 类粉煤灰	≤3.0		
	C 类粉煤灰			
游离氧化钙(f-CaO)质量分数(%)	F 类粉煤灰	≤1.0		
	C 类粉煤灰	≤4.0		
二氧化硅(SiO_2)、三氧化二铝(Al_2O_3)和三氧化二铁(Fe_2O_3)总质量分数(%)	F 类粉煤灰	≥70.0		
	C 类粉煤灰	≥50.0		
密度(g/cm³)	F 类粉煤灰	≤2.6		
	C 类粉煤灰			
安定性(雷氏法,mm)	C 类粉煤灰	≤5.0		
强度活性指数(%)	F 类粉煤灰	≥70.0		
	C 类粉煤灰			

粒化高炉矿渣粉的技术要求应符合表 1-23 的规定。

粒化高炉矿渣粉的技术要求 表 1-23

项目		技术指标		
		级别		
		S105	S95	S75
密度(g/m³)		≥2.8		
比表面积(m²/kg)		≥500	≥400	≥300
活性指数(%)	7d	≥95	≥75	≥55
	28d	≥105	≥95	≥75
流动度比(%)		≥95		
含水量(%)		≤1.0		
三氧化硫(%)		≤4.0		
氯离子含量(%)		≤0.06		
烧失量(%)		≤3.0		
玻璃体含量(%)		≥85		

硅灰的技术要求应符合表 1-24 的规定。

硅灰的技术要求 表 1-24

项目	技术指标	项目	技术指标
比表面积(m²/kg)	≥15000	烧失量(%)	≤6.0
28d 活性指数(%)	≥85	需水量比(%)	≤125
二氧化硅含量(%)	≥85	氯离子含量(%)	≤0.02
含水量(%)	≤3.0		

复合矿物掺合料的技术要求应符合表 1-25 的规定。

复合矿物掺合料的技术要求 表 1-25

项目		技术指标
细度	45μm 方孔筛筛余(%)	≤12
	比表面积(m²/kg)	≥350
活性指数(%)	7d	≥50
	28d	≥75
流动度比(%)		≥95
含水量(%)		≤1.0

	续表
项目	技术指标
三氧化硫(%)	≤4.0
烧失量(%)	≤3.0
氯离子含量(%)	≤0.06

注：比表面积测定法和筛析法，宜根据不同的复合品种选定。

1.1.5 混凝土外加剂

混凝土外加剂可改善新拌混凝土的和易性、调节凝结时间、改善可泵性、改变硬化混凝土强度的发展速率、提高耐久性。外加剂的品种包括高性能减水剂、高效减水剂、普通减水剂、引气减水剂、泵送剂、早强剂、缓凝剂、引气剂等。混凝土外加剂的质量要求见表1-26。

混凝土外加剂的质量要求 表 1-26

项次	项目	具体要求
1	品种选用	1. 外加剂的品种应根据工程设计和施工要求选择,通过试验及技术经济比较确定。选择确定外加剂及水泥品种后,应检验外加剂与水泥的适应性,符合要求方可使用。 2. 不同品种外加剂复合使用时,应注意其相容性及对混凝土性能的影响,使用前应进行试验,满足要求方可使用。 3. 严禁使用对人体产生危害、对环境产生污染的外加剂。外加剂掺量应以胶凝材料总量的百分比表示,并应按供货单位推荐掺量、使用要求、施工条件、混凝土原材料等因素通过试验确定。 4. 处于与水接触或潮湿环境中的混凝土,当使用碱活性骨料时,由外加剂带入的碱含量(以当量氧化钠计)不宜超过 $1kg/m^3$,混凝土总碱含量不宜大于 $3kg/m^3$。 5. 对于预制构件的生产,一般应选用高减水的早强型外加剂,特别注意凝结时间要短,以利于构件早期强度的发挥,同时,必须给构件留出一定的操作加工时间,以便于构件生产成型。因构件预制的特殊要求,外加剂应进行特殊定制以满足生产要求
2	受检混凝土性能指标	掺外加剂混凝土的性能应符合表1-27的要求
3	匀质性指标	外加剂的匀质性是表示外加剂自身质量稳定均匀的性能,用来控制产品生产质量的稳定、统一、均匀,用来检验产品质量和质量仲裁,其应符合表1-28的要求

1.1.6 混凝土拌合用水

拌合用水按其来源不同分为饮用水、地表水、地下水、再生水、混凝土企业设备洗刷水等。一般符合国家标准的生活饮用水,可直接用于拌制、养护各种混凝土。其他来源的水使用前,应按有关标准进行检验后方可使用。混凝土拌合用水的质量要求见表1-29。

表 1-27

受检混凝土性能指标

项目	外加剂品种												
	高性能减水剂 HPWR			高效减水剂 HWR		普通减水剂 WR			引气减水剂 AEWR	泵送剂 PA	早强剂 Ac	缓凝剂 Re	引气剂 AE
	早强型 HPWR-A	标准型 HPWR-S	缓凝型 HPWR-R	标准型 HWR-S	缓凝型 HWR-R	早强型 WR-A	标准型 WR-S	缓凝型 WR-R	AEWR	PA	Ac	Re	AE
减水率（%），不小于	25	25	25	14	14	8	8	8	10	12	—	—	6
泌水率比（%），不大于	50	60	70	90	100	95	100	100	70	70	100	100	70
含气量（%）	≤6.0	≤6.0	≤6.0	≤3.0	≤4.5	≤4.0	≤4.0	≤5.5	≥3.0	≤5.5	—	—	≥3.0
凝结时间之差（min） 初凝	-90~+90	-90~+120	>+90	-90~+120	>+90	-90~+90	-90~+120	>+90	-90~+120	—	-90~+90	>+90	-90~+120
凝结时间之差（min） 终凝	—	—	—	—	—	—	—	—	—	—	—	—	—
1h 经时变化量 坍落度（mm）	—	≤80	≤60	—	—	—	—	—	—	≤80	—	—	—
1h 经时变化量 含气量（%）	—	—	—	—	—	—	—	—	-1.5~+1.5	—	—	—	-1.5~+1.5
抗压强度比（%），不小于 1d	180	170	—	140	—	135	—	—	—	—	135	—	—
抗压强度比（%），不小于 3d	170	160	—	130	—	130	115	—	115	—	130	—	95
抗压强度比（%），不小于 7d	145	150	140	125	125	110	115	110	110	115	110	100	95
抗压强度比（%），不小于 28d	130	140	130	120	120	100	110	100	100	110	100	100	90
收缩率比（%），不大于 28d	110	110	110	135	135	135	135	135	135	135	135	135	135
相对耐久性（200次）（%），不小于	—	—	—	—	—	—	—	—	80	—	—	—	80

注：1. 表中抗压强度比、收缩率比、相对耐久性为强制指标，其余为推荐性指标。

2. 除含气量和相对耐久性外，表中所列数据为掺外加剂混凝土与基准混凝土的差值或比值。

3. 凝结时间之差性能指标中的"-"号代表提前，"+"号代表延缓。

4. 相对耐久性（200次）性能指标中的"≥80"表示将 28d 龄期的受检混凝土试件快速冻融循环 200 次后，动弹性模量保留值≥80%。

5. 1h 含气量经时变化量指标中的"-"号表示含气量减少，"+"号表示含气量增加。

6. 其他品种的外加剂是否需测定相对耐久性指标，由供、需双方协商确定。

7. 当用户对泵送剂等产品有特殊要求时，需要进行的补充试验项目，试验方法及指标，由供、需双方协商决定。

匀质性指标 表 1-28

项目	指标
氯离子含量(%)	不超过生产厂控制值
总碱量(%)	不超过生产厂控制值
含固量(%)	$S>25\%$时,应控制在 $0.95S\sim1.05S$; $S\leqslant25\%$时,应控制在 $0.90S\sim1.10S$
含水率(%)	$W>5\%$时,应控制在 $0.90W\sim1.10W$; $W\leqslant5\%$时,应控制在 $0.80W\sim1.20W$
密度(g/cm³)	$D>1.1$时,应控制 $D\pm0.03$; $D\leqslant1.1$时,应控制 $D\pm0.02$
细度	应在生产厂控制范围内
pH 值	应在生产厂控制范围内
硫酸钠含量(%)	不超过生产厂控制值

注:1. 生产厂应在相关的技术资料中明示产品匀质性指标的控制值;
    2. 对相同和不同批次之间的匀质性和等效性的其他要求,可由供需双方商定;
    3. 表中的 S、W 和 D 分别为含固量、含水率和密度的生产厂控制值。

混凝土拌合用水的质量要求 表 1-29

项次	项目	具体要求
1	水质要求	1. 混凝土拌合用水水质要求应符合表 1-30 的规定; 2. 对于设计使用年限为 100 年的结构混凝土,氯离子含量不得超过 500mg/L; 3. 对使用钢丝或经热处理钢筋的预应力混凝土,氯离子含量不得超过 350mg/L
2	放射性	地表水、地下水、再生水的放射性应符合现行国家标准《生活饮用水卫生标准》GB 5749 的规定
3	水泥凝结时间	被检验水样应与饮用水样进行水泥凝结时间对比试验。对比试验的水泥初凝时间差及终凝时间差均不应大于 30min;同时,初凝和终凝时间应符合现行国家标准《通用硅酸盐水泥》GB 175 的规定
4	水泥胶砂强度	被检验水样应与饮用水样进行水泥胶砂强度对比试验,被检验水样配制的水泥胶砂 3d 和 28d 强度不应低于饮用水配制的水泥胶砂 3d 和 28d 强度的 90%
5	杂质、颜色、气味等	混凝土拌合用水不应有漂浮明显的油脂和泡沫,不应有明显的颜色和异味
6	混凝土企业设备洗刷水使用限制	混凝土企业设备洗刷水不宜用于预应力混凝土、装饰混凝土、加气混凝土和暴露于腐蚀环境的混凝土;不得用于使用碱活性或潜在碱活性骨料的混凝土

混凝土拌合用水水质要求 表 1-30

项目	预应力混凝土	钢筋混凝土	素混凝土
pH 值	$\geqslant5.0$	$\geqslant4.5$	$\geqslant4.5$
不溶物(mg/L)	$\leqslant2000$	$\leqslant2000$	$\leqslant5000$
可溶物(mg/L)	$\leqslant2000$	$\leqslant5000$	$\leqslant10000$

项目	预应力混凝土	钢筋混凝土	素混凝土
Cl^-（mg/L）	≤500	≤1000	≤3500
SO_4^{2-}（mg/L）	≤600	≤2000	≤2700
碱含量（mg/L）	≤1500	≤1500	≤1500

注：碱含量按 $Na_2O+0.658K_2O$ 计算值来表示。采用非碱活性骨料时可不检验碱含量。

1.1.7 混凝土配合比设计

混凝土配合比设计应满足混凝土配制强度及其他力学性能、拌合物性能、长期性能和耐久性能的设计要求。混凝土拌合物性能、力学性能、长期性能和耐久性能的试验方法应分别符合现行国家标准《普通混凝土拌合物性能试验方法标准》GB/T 50080、《混凝土物理力学性能试验方法标准》GB/T 50081 和《普通混凝土长期性能和耐久性能试验方法标准》GB/T 50082 的规定。混凝土配合比设计的基本规定及设计流程见表1-31。

混凝土配合比设计　　　　　　　　　　　　　　　**表 1-31**

项目或流程		具体要求或方法
基本规定	材料	混凝土配合比设计应采用工程实际使用的原材料；配合比设计所采用的细骨料含水率应小于0.5%，粗骨料含水率应小于0.2%
	最大水胶比	混凝土的最大水胶比应符合现行国家标准《混凝土结构设计规范》GB 50010 的规定，即设计使用年限为50年的混凝土结构，其耐久性基本要求宜符合表1-32的规定
	最小胶凝材料用量	除配制C15及以下强度等级的混凝土外，混凝土的最小胶凝材料用量应符合表1-33的规定
	矿物掺合料的掺量	矿物掺合料在混凝土中的掺量应通过试验确定。采用硅酸盐水泥或普通硅酸盐水泥时，钢筋混凝土中矿物掺合料最大掺量宜符合表1-34的规定，预应力混凝土中矿物掺合料最大掺量宜符合表1-35的规定。 对基础大体积混凝土，粉煤灰、粒化高炉矿渣粉和复合掺合料的最大掺量可增加5%。采用掺量大于30%的C类粉煤灰的混凝土应以实际使用的水泥和粉煤灰掺量进行安定性检验
	水溶性氯离子最大含量	混凝土拌合物中水溶性氯离子最大含量应符合表1-36的规定，其测试方法应符合现行行业标准《水运工程混凝土试验检测技术规范》JTS/T 236 中混凝土拌合物中氯离子含量的快速测定方法的规定
	引气剂掺量	长期处于潮湿或水位变动的寒冷和严寒环境以及盐冻环境的混凝土应掺用引气剂。引气剂掺量应根据混凝土含气量要求经试验确定，混凝土最小含气量应符合表1-37的规定，最大不宜超过7.0%
	预防混凝土碱骨料反应设计	对于有预防混凝土碱骨料反应设计要求的工程，宜掺用适量粉煤灰或其他矿物掺合料，混凝土中最大碱含量不应大于 $3.0kg/m^3$； 对于矿物掺合料碱含量，粉煤灰碱含量可取实测值的1/6，粒化高炉矿渣粉碱含量可取实测值的1/2

项目或流程		具体要求或方法
计算流程	混凝土配置强度的确定	1. 当混凝土的设计强度等级小于 C60 时,配制强度应按下式确定: $$f_{cu,0} \geqslant f_{cu,k} + 1.645\sigma$$ 式中　$f_{cu,0}$——混凝土配制强度(MPa); 　　　$f_{cu,k}$——混凝土立方体抗压强度标准值,这里取混凝土的设计强度等级值(MPa); 　　　σ——混凝土强度标准差(MPa),当无统计资料时,可按表 1-38 取值。 2. 当设计强度等级不小于 C60 时,制备强度应按下式确定: $$f_{cu,0} \geqslant 1.15 f_{cu,k}$$
	水胶比	当混凝土强度等级小于 C60 时,混凝土水胶比宜按下式计算: $$W/B = \frac{\alpha_a f_b}{f_{cu,0} + \alpha_a \alpha_b f_b}$$ 式中　W/B——混凝土水胶比; 　　　α_a、α_b——回归系数,宜按下列规定确定: 1. 根据工程所使用的原材料,通过试验建立的水胶比与混凝土强度关系式来确定; 2. 当不具备上述试验统计资料时,可按表 1-39 选用。 　　　f_b——胶凝材料 28d 胶砂抗压强度(MPa),可实测,且试验方法应按现行国家标准《水泥胶砂强度检验方法(ISO 法)》GB/T 17671 执行;当无实测值,可按下式计算: $$f_b = \gamma_f \gamma_s f_{ce}$$ 式中　γ_f、γ_s——粉煤灰影响系数和粒化高炉矿渣粉影响系数,可按表 1-40 选用; 　　　f_{ce}——水泥 28d 胶砂抗压强度(MPa),可实测;当无实测值时,可按下式计算: $$f_{ce} = \gamma_c f_{ce,g}$$ 　　　γ_c 为水泥强度等级值的富余系数,可按实际统计资料确定;当缺乏实际统计资料时,也可按表 1-41 选用; 　　　$f_{ce,g}$ 为水泥强度等级值(MPa)
	用水量	每立方米干硬性或塑性混凝土的用水量(m_{w0})应符合下列规定: 1. 混凝土水胶比在 0.40~0.80 范围时,可按表 1-42 和表 1-43 选取; 2. 混凝土水胶比小于 0.40 时,可通过试验确定。 掺外加剂时,每立方米流动性或大流动性混凝土的用水量(m_{w0})可按下式计算: $$m_{w0} = m'_{w0}(1 - \beta)$$ 式中　m_{w0}——计算配合比每立方米混凝土的用水量(kg/m³); 　　　m'_{w0}——未掺外加剂时推定的满足实际坍落度要求的每立方米混凝土用水量(kg/m³),以 90mm 坍落度的用水量为基础,按每增大 20mm 坍落度相应增加 5kg/m³ 用水量来计算,当坍落度增大到 180mm 以上时,随坍落度相应增加的用水量可减少; 　　　β——外加剂的减水率(%),应经混凝土试验确定

项目或流程		具体要求或方法
计算流程	外加剂用量	每立方米混凝土中外加剂用量(m_{a0})应按下式计算：$$m_{a0} = m_{b0}\beta_a$$ 式中　m_{a0}——计算配合比每立方米混凝土中外加剂用量(kg/m^3)； 　　　m_{b0}——计算配合比每立方米混凝土中胶凝材料用量(kg/m^3)； 　　　β_a——外加剂掺量(%)，应经混凝土试验确定
	胶凝材料用量	每立方米混凝土的胶凝材料用量(m_{b0})应按下式计算，并应进行试拌调整，在拌合物性能满足的情况下，取经济合理的胶凝材料用量。$$m_{b0} = \frac{m_{w0}}{W/B}$$ 式中　m_{b0}——计算配合比每立方米混凝土中胶凝材料用量(kg/m^3)； 　　　m_{w0}——计算配合比每立方米混凝土的用水量(kg/m^3)； 　　　W/B——混凝土水胶比
	矿物掺合料用量	每立方米混凝土的矿物掺合料用量(m_{f0})应按下式计算：$$m_{f0} = m_{b0}\beta_f$$ 式中　m_{f0}——计算配合比每立方米混凝土中矿物掺合料用量(kg/m^3)； 　　　m_{b0}——计算配合比每立方米混凝土中胶凝材料用量(kg/m^3)； 　　　β_f——矿物掺合料掺量(%)
	水泥用量	每立方米混凝土的水泥用量(m_{c0})应按下式计算：$$m_{c0} = m_{b0} - m_{f0}$$ 式中　m_{c0}——计算配合比每立方米混凝土中水泥用量(kg/m^3)； 　　　m_{b0}——计算配合比每立方米混凝土中胶凝材料用量(kg/m^3)； 　　　m_{f0}——计算配合比每立方米混凝土中矿物掺合料用量(kg/m^3)
	砂率	砂率(β_s)应根据骨料的技术指标、混凝土拌合物性能和施工要求，参考既有历史资料确定。 当缺乏砂率的历史资料时，混凝土砂率的确定应符合下列规定： (1)坍落度小于10mm的混凝土，其砂率应经试验确定； (2)坍落度为10～60mm的混凝土，其砂率可根据粗骨料品种、最大公称粒径及水胶比按表1-44选取； (3)坍落度大于60mm的混凝土，其砂率可经试验确定，也可在表1-44的基础上，按坍落度每增大20mm、砂率增大1%的幅度予以调整
	粗、细骨料用量	当采用质量法计算混凝土配合比时，粗、细骨料用量应分别按下式计算：$$m_{f0} + m_{c0} + m_{g0} + m_{s0} + m_{w0} = m_{cp}$$ $$\beta_s = \frac{m_{s0}}{m_{g0} + m_{s0}} \times 100\%$$

项目或流程	具体要求或方法
计算流程	**粗、细骨料用量** 式中 m_{g0}——计算配合比每立方米混凝土的粗骨料用量(kg/m³); $\quad m_{s0}$——计算配合比每立方米混凝土的细骨料用量(kg/m³); $\quad \beta_s$——砂率(%); $\quad m_{cp}$——每立方米混凝土拌合物的假定质量(kg),可取 2350～2450kg/m³。 当采用体积法计算混凝土配合比时,砂率与质量法计算相同,粗、细骨料用量应按下式计算: $$\frac{m_{c0}}{\rho_c}+\frac{m_{f0}}{\rho_f}+\frac{m_{g0}}{\rho_g}+\frac{m_{s0}}{\rho_s}+\frac{m_{w0}}{\rho_w}+0.01\alpha=1$$ 式中 ρ_c——水泥密度(kg/m³),可按现行国家标准《水泥密度测定方法》GB/T 208 测定,也可取 2900～3100kg/m³; $\quad \rho_f$——矿物掺合料密度(kg/m³),可按现行国家标准《水泥密度测定方法》GB/T 208 测定; $\quad \rho_g$——粗骨料的表观密度(kg/m³),应按现行行业标准《普通混凝土用砂、石质量及检验方法标准》JGJ 52 测定; $\quad \rho_s$——细骨料的表观密度(kg/m³),应按现行行业标准《普通混凝土用砂、石质量及检验方法标准》JGJ 52 测定; $\quad \rho_w$——水的密度(kg/m³),可取 1000kg/m³; $\quad \alpha$——混凝土的含气量百分数,在不使用引气剂或引气型外加剂时,α 可取 1
配合比的试配	混凝土试配应采用强制式搅拌机进行搅拌,并应符合现行行业标准《混凝土试验用搅拌机》JG 244 的规定,搅拌方法宜与施工采用的方法相同。 试验室成型条件应符合现行国家标准《普通混凝土拌合物性能试验方法标准》GB/T 50080 的规定。 每盘混凝土试配的最小搅拌量应符合表 1-45 的规定,并不应小于搅拌机公称容量的 1/4 且不应大于搅拌机公称容量。 在计算配合比的基础上应进行试拌。计算水胶比宜保持不变,并应通过调整配合比其他参数使混凝土拌合物性能符合设计和施工要求,然后修正计算配合比,提出试拌配合比。 在试拌配合比的基础上应进行混凝土强度试验,并应符合下列规定: (1)应采用三个不同的配合比,其中一个应为试拌配合比,另外两个配合比的水胶比宜较试拌配合比分别增加和减少 0.05,用水量应与试拌配合比相同,砂率可分别增加和减少 1%; (2)进行混凝土强度试验时,拌合物性能应符合设计和施工要求; (3)进行混凝土强度试验时,每个配合比应至少制作一组试件,并应标准养护到 28d 或设计规定龄期时试压
配合比的调整与确定	配合比调整应符合下列规定: (1)根据混凝土强度试验结果,宜绘制强度和胶水比的线性关系图或插值法确定略大于配制强度对应的胶水比; (2)在试拌配合比的基础上,用水量(m_w)和外加剂用量(m_a)应根据确定的水胶比作调整; (3)胶凝材料用量(m_b)应以用水量乘以确定的胶水比计算得出;

项目或流程		具体要求或方法

计算流程	配合比的调整与确定	(4)粗骨料和细骨料用量(m_g 和 m_s)应根据用水量和胶凝材料用量进行调整。
		配合比调整后的混凝土拌合物的表观密度应按下式计算：
		$$\rho_{c,c} = m_c + m_f + m_g + m_s + m_w$$
		式中 $\rho_{c,c}$——混凝土拌合物的表观密度计算值(kg/m^3)；
		   m_c——每立方米混凝土的水泥用量(kg/m^3)；
		   m_f——每立方米混凝土的矿物掺合料用量(kg/m^3)；
		   m_g——每立方米混凝土的粗骨料用量(kg/m^3)；
		   m_s——每立方米混凝土的细骨料用量(kg/m^3)；
		   m_w——每立方米混凝土的用水量(kg/m^3)。
		混凝土配合比校正系数应按下式计算：
		$$\delta = \frac{\rho_{c,t}}{\rho_{c,c}}$$
		式中 δ——混凝土配合比校正系数；
		   $\rho_{c,t}$——混凝土拌合物的表观密度实测值(kg/m^3)。
		当混凝土拌合物表观密度实测值与计算值之差的绝对值不超过计算值的2%时，调整的配合比可维持不变；当二者之差超过2%时，应将配合比中每项材料用量均乘以校正系数(δ)。
		配合比调整后，应测定拌合物水溶性氯离子含量，试验结果应符合表1-36的规定。
		对耐久性有设计要求的混凝土应进行相关耐久性试验验证。
		生产单位可根据常用材料设计出常用的混凝土配合比备用，并应在启用过程中予以验证或调整。遇有下列情况之一时，应重新进行配合比设计：
		(1)对混凝土性能有特殊要求时；
		(2)水泥、外加剂或矿物掺合料等原材料品种、质量有显著变化时

结构混凝土材料的耐久性基本要求   表 1-32

环境等级	最大水胶比	最低强度等级	最大氯离子含量（%）	最大碱含量（kg/m^3）
一	0.60	C20	0.30	不限制
二 a	0.55	C25	0.20	3.0
二 b	0.50(0.55)	C30(C25)	0.15	
三 a	0.45(0.50)	C35(C30)	0.15	
三 b	0.40	C40	0.10	

注：1.氯离子含量系指其占胶凝材料总量的百分比；
  2. 预应力构件混凝土中的最大氯离子含量为0.06%；其最低混凝土强度等级宜按表中的规定提高两个等级；
  3.素混凝土构件的水胶比及最低强度等级的要求可适当放松；
  4.有可靠工程经验时，二类环境中的最低混凝土强度等级可降低一个等级；
  5.处于严寒和寒冷地区二 b、三 a类环境中的混凝土应使用引气剂，并可采用括号中的有关参数；
  6.当使用非碱活性骨料时，对混凝土中的碱含量可不作限制。

混凝土的最小胶凝材料用量   表 1-33

最大水胶比	最小胶凝材料用量（kg/m³）		
	素混凝土	钢筋混凝土	预应力混凝土
0.60	250	280	300
0.55	280	300	300
0.50	320		
≤0.45	330		

钢筋混凝土中矿物掺合料最大掺量   表 1-34

矿物掺合料种类	水胶比	最大掺量（%）	
		采用硅酸盐水泥时	采用普通硅酸盐水泥时
粉煤灰	≤0.40	45	35
	>0.40	40	30
粒化高炉矿渣粉	≤0.40	65	55
	>0.40	55	45
钢渣粉	—	30	20
磷渣粉	—	30	20
硅灰	—	10	10
复合掺合料	≤0.40	65	55
	>0.40	55	45

注：1.采用其他通用硅酸盐水泥时，宜将水泥混合材掺量 20% 以上的混合材量计入矿物掺合料；
2.复合掺合料各组分的掺量不宜超过单掺时的最大掺量；
3.在混合使用两种或两种以上矿物掺合料时，矿物掺合料总掺量应符合表中复合掺合料的规定。

预应力混凝土中矿物掺合料最大掺量   表 1-35

矿物掺合料种类	水胶比	最大掺量（%）	
		采用硅酸盐水泥时	采用普通硅酸盐水泥时
粉煤灰	≤0.40	35	30
	>0.40	25	20
粒化高炉矿渣粉	≤0.40	55	45
	>0.40	45	35
钢渣粉	—	20	10
磷渣粉	—	20	10
硅灰	—	10	10
复合掺合料	≤0.40	55	45
	>0.40	45	35

注：1.采用其他通用硅酸盐水泥时，宜将水泥混合材掺量 20% 以上的混合材量计入矿物掺合料；
2.复合掺合料各组分的掺量不宜超过单掺时的最大掺量；
3.在混合使用两种或两种以上矿物掺合料时，矿物掺合料总掺量应符合表中复合掺合料的规定。

混凝土拌合物中水溶性氯离子最大含量   表 1-36

环境条件	水溶性氯离子最大含量(%,水泥用量的质量百分比)		
	钢筋混凝土	预应力混凝土	素混凝土
干燥环境	0.30		
潮湿但不含氯离子的环境	0.20	0.06	1.00
潮湿且含有氯离子的环境、盐渍土环境	0.10		
除冰盐等侵蚀性物质的腐蚀环境	0.06		

混凝土最小含气量   表 1-37

粗骨料最大公称粒径(mm)	混凝土最小含气量(%)	
	潮湿或水位变动的寒冷和严寒环境	盐冻环境
40.0	4.5	5.0
25.0	5.0	5.5
20.0	5.5	6.0

注：含气量为气体占混凝土体积的百分比。

混凝土强度标准差（MPa）   表 1-38

混凝土强度标准值	≤C20	C25～C45	C50～C55
	4.0	5.0	6.0

回归系数（α_a、α_b）取值表   表 1-39

粗骨料品种	碎石	卵石
α_a	0.53	0.49
α_b	0.20	0.13

粉煤灰影响系数（γ_f）和粒化高炉矿渣粉影响系数（γ_s）   表 1-40

掺量(%)	粉煤灰影响系数 γ_f	粒化高炉矿渣粉影响系数 γ_s
0	1.00	1.00
10	0.85～0.95	1.00
20	0.75～0.85	0.95～1.00
30	0.65～0.75	0.90～1.00
40	0.55～0.65	0.80～0.90
50	—	0.75～0.85

注：1. 采用Ⅰ级、Ⅱ级粉煤灰宜取上限值；
　　2. 采用S75级粒化高炉矿渣粉宜取下限值，采用S95级粒化高炉矿渣粉宜取上限值，采用S105级粒化高炉矿渣粉可取上限值加0.05；
　　3. 当超出表中的掺量时，粉煤灰和粒化高炉矿渣粉影响系数应经试验确定。

水泥强度等级值的富余系数（γ_c） 表1-41

水泥强度等级值	32.5	42.5	52.5
富余系数	1.12	1.16	1.10

干硬性混凝土的用水量（kg/m^3） 表1-42

拌合物稠度		卵石最大公称粒径(mm)			碎石最大公称粒径(mm)		
项目	指标	10.0	20.0	40.0	16.0	20.0	40.0
维勃稠度 （s）	16~20	175	160	145	180	170	155
	11~15	180	165	150	185	175	160
	5~10	185	170	155	190	180	165

塑性混凝土的用水量（kg/m^3） 表1-43

拌合物稠度		卵石最大公称粒径(mm)				碎石最大公称粒径(mm)			
项目	指标	10.0	20.0	31.5	40.0	16.0	20.0	31.5	40.0
坍落度 （mm）	10~30	190	170	160	150	200	185	175	165
	35~50	200	180	170	160	210	195	185	175
	55~70	210	190	180	170	220	205	195	185
	75~90	215	195	185	175	230	215	205	195

注：1. 本表用水量系采用中砂时的取值。采用细砂时，每立方米混凝土用水量可增加5~10kg；采用粗砂时，可减少5~10kg；

2. 掺用矿物掺合料和外加剂时，用水量应相应调整。

混凝土的砂率（%） 表1-44

水胶比	卵石最大公称粒径(mm)			碎石最大公称粒径(mm)		
	10.0	20.0	40.0	16.0	20.0	40.0
0.40	26~32	35~31	24~30	30~35	29~34	27~32
0.50	30~35	29~34	28~33	33~38	32~37	30~35
0.60	33~38	32~37	31~36	31~41	35~40	33~38
0.70	36~41	35~40	34~39	39~44	38~43	36~41

注：1. 本表数值系中砂的选用砂率，对细砂或粗砂，可相应地减少或增大砂率；

2. 采用人工砂配制混凝土时，砂率可适当增大；

3. 只用一个单粒级粗骨料配制混凝土时，砂率应适当增大。

混凝土试配的最小搅拌量 表1-45

粗骨料最大公称粒径(mm)	拌合物数量(L)
≤31.5	20
40.0	25

1.2 钢材、钢筋

1.2.1 钢材

钢材的分类和要求见表1-46。

钢材的分类和要求 表 1-46

种类或品种	项目	具体规定或要求
碳素结构钢	分类	装配式混凝土建筑中的钢材一般采用碳素结构钢,按照含碳量的多少,又可分为低碳钢(含碳量 0.03%~0.25%)、中碳钢(含碳量 0.26%~0.60%)和高碳钢(含碳量 0.6%~2.0%),建筑结构主要使用低碳钢。 按现行国家标准《碳素结构钢》GB/T 700 规定,碳素结构钢常用 4 个牌号,即 Q195、Q215、Q235 和 Q275,其中 Q 代表钢材屈服点的字母,数值表示屈服点数值。每个牌号内又有不同的质量等级,表示为 A、B、C、D;对钢材脱氧方法也应在质量等级后表面。装配式混凝土建筑结构主要采用 Q235 钢,也是现行标准中质量等级最齐全的,其质量等级 C、D 的,不论从其含碳量控制严格程度或对冲击韧性的保证,都优先为焊接工艺采纳使用
	化学成分	见表 1-47
	拉伸试验要求	见表 1-48
	弯曲试验要求	见表 1-49
	成品化学成分允许偏差	根据现行国家标准《钢的成品化学成分允许偏差》GB/T 222,成品钢材的化学成分允许偏差见表 1-50,沸腾钢成品钢材化学成分偏差不作保证
低合金高强度结构钢	分类	低合金高强度结构钢是指在炼钢过程中增添一些合金元素、其总量不超过 5%的钢材。加入合金元素后钢材强度可明显提高,一般可比碳素结构钢节约 20%左右的用钢量; 按现行国家标准《低合金高强度结构钢》GB/T 1591,其牌号表示方法与碳素结构钢一致,常用牌号有 Q355、Q390、Q420 和 Q460 四种; 装配式建筑结构一般采用 Q355 钢材
	化学成分	见表 1-51
	力学性能	见表 1-52
钢板		钢板指平板状、矩形的,可直接轧制或由宽钢带剪切而成的板材,其分类见表 1-53
普通型材(工字钢、槽钢、角钢)		工字钢、槽钢和角钢三类型材是工程结构中使用最早的型钢,其截面形状、分类、标准等见表 1-54

种类或品种	项目	具体规定或要求
轧制 H 型钢和焊接 H 型钢		H 型钢与工字钢的区别见表 1-55 H 型钢分为三类:宽翼缘 H 型钢,代号 HW;中翼缘 H 型钢,代号 HM;窄翼缘 H 型钢,代号 HN。H 型钢的标记方式采用高度 $H(h)×$宽度 $B×$腹板厚度 $t_1×$翼缘厚度 t_2。型钢表面质量,不允许有影响使用的裂缝、折叠、结疤、分层和夹杂。局部的发纹、拉裂、凹坑、凸起、麻点及刮痕等缺陷允许存在,但不得超出厚度尺寸允许偏差,具体可参照现行国家标准《热轧 H 型钢和剖分 T 型钢》GB/T 11263 的相关规定。 在轧制 H 型钢生产之前,国内较长时期内以焊接 H 型钢来满足工程需要,具体可参考现行国家标准《焊接 H 型钢》GB/T 33814,标准中规定有焊接 H 型钢(符号为 HA)和轻型焊接 H 型钢(符号为 HAQ)的截面规格系列和相应的截面参数、各类尺寸偏差(包括焊缝外形尺寸)以及有关钢材牌号、焊接工艺要求等内容
结构用钢管		结构用钢管有热轧无缝钢管和焊接钢管两大类,焊接钢管由钢带卷焊而成,依据管径大小,又分为直缝焊和螺旋焊两种。结构用无缝钢管按现行国家标准《结构用无缝钢管》GB/T 8162 规定,分热轧和冷拔两种,冷拔管只限于小管径,热轧无缝钢管外径从 32～630mm,壁厚从 2.5～75mm,所用钢号主要为优质碳素钢牌号为 10、20、35、45 和低合金高强度钢 Q345,建筑钢结构应用的无缝钢管以 20 钢(相当于 Q235)为主,管径一般在 180mm 以上,通常长度为 3～12m; 现行国家标准《直缝电焊钢管》GB/T 13793 规定了直缝电焊钢管规格外径 32～152mm,壁厚 2.0～5.5mm
花纹钢板		花纹钢板是用碳素结构钢、船体用结构钢、高耐候性结构钢热轧成菱形、扁豆形或圆豆形花纹的钢板制品,花纹钢板基本厚度有 2.5、3.0、3.5、4.0、4.5、5.0、5.5、6.0、7.0、8.0mm;宽度 600～1800mm,按 50mm 进级;长度 2000～12000mm 按 100mm 进级。花纹钢板的力学性能不作保证,以热轧状态交货,表面质量分普通精度和较高精度两级

Q235 钢的化学成分 表 1-47

等级	化学成分(%)					脱氧方法
	C	Mn	Si	S	P	
				不大于		
A	0.22	1.40	0.35	0.050	0.045	F、Z
B	0.20			0.045		
C	0.17			0.040	0.040	Z
D				0.035	0.035	TZ

注:Q235A、B 级沸腾钢锰含量上限为 0.60%;F 代表沸腾钢,b 代表半镇静钢,Z 代表镇静钢,TZ 代表特殊镇静钢,在牌号组成表示中,"Z"和"TZ"符号予以省略。

Q235 钢拉伸和冲击试验要求　　　　　　　　　　表 1-48

等级	拉伸实验												冲击试验	
	屈服强度(N/mm²)						抗拉强度(N/mm²)	伸长率 δ₅(%)					温度(℃)	V型冲击功(纵向)(J)
	钢材厚度(直径)(mm)							钢材厚度(直径)(mm)						
	≤16	>16~40	>40~60	>60~100	>100~150	>150~200		≤40	>40~60	>60~100	>100~150	>150~200		
	不小于							不小于					不小于	
A	235	225	215	205	195	185	370~500	26	24	23	22	21	—	—
B													+20	27
C													0	
D													−20	

Q235 钢弯曲试验要求　　　　　　　　　　表 1-49

试样方向	冷弯试验 B＝2a 180°		
	钢材厚度(直径)(mm)		
	≤60	>60~100	>100~200
	弯心直径 d		
纵	a	2a	2.5a
横	1.5a	2.5a	3a

注：B——试样宽度；a——钢材厚度（直径）。

碳素钢和低合金钢成品化学成分允许偏差　　　　　　　　　　表 1-50

元素	规定化学成分上限值	允许偏差(%)	
		上偏差	下偏差
C	≤0.25	0.02	0.02
	>0.25~0.55	0.03	0.03
	>0.55	0.04	0.04
Mn	≤0.80	0.03	0.03
	>0.80~1.70	0.06	0.06
Si	≤0.37	0.03	0.03
	>0.37	0.05	0.05
S	≤0.050	0.005	—
	>0.05~0.35	0.02	0.01
P	≤0.06	0.005	—
	>0.06~0.15	0.01	0.01

元素	规定化学成分上限值	允许偏差（%）	
		上偏差	下偏差
V	≤0.20	0.02	0.01
Ti	≤0.20	0.02	0.01
Nb	0.015～0.060	0.005	0.005
Cu	≤0.55	0.05	0.05
Cr	≤1.50	0.05	0.05
Ni	≤1.00	0.05	0.05
Pb	0.15～0.35	0.03	0.03
Al	≥0.015	0.003	0.003
N	0.010～0.020	0.005	0.005
Ca	0.002～0.006	0.002	0.0005

注：0.03 适用于普通碳素钢，0.02 适用于低合金钢。

Q355 低合金钢化学成分　　　　　　表 1-51

质量等级	化学成分（%）									
	C^a		Si	Mn	P	S	Cr	Ni	Cu	N
	以下公称厚度或直径（mm）		不大于							
	≤40^b	>40								
	不大于									
B	0.24		0.55	1.60	0.035	0.035	0.30	0.30	0.40	0.012
C	0.20	0.22			0.030	0.030				
D	0.20	0.22			0.025	0.025				—

a 公称厚度大于 100mm 的型钢，碳含量可由供需双方协商确定；

b 公称厚度大于 30mm 的钢材，碳含量不大于 0.22%。

Q355 低合金钢力学性能　　　　　　表 1-52

质量等级	上屈服强度（MPa）不小于					抗拉强度（MPa）	以下试验温度的冲击吸收能量最小值（kV$_2$/J）					
	厚度（直径）（mm）						20℃		0℃		−20℃	
	≤16	>16～40	>40～63	>63～80	>80～100	≤100	纵向	横向	纵向	横向	纵向	横向
B	355	345	335	325	315	470～630	34	27	—	—	—	—
C							—	—	34	27	—	—
D							—	—	—	—	34	27

钢板分类 表 1-53

分类原则	具体分类	备注
轧制方法	冷轧板	《冷轧钢板和钢带的尺寸、外形、重量及允许偏差》GB/T 708
	热轧板	《碳素结构钢和低合金结构钢热轧钢板和钢带》GB/T 3274
板厚	薄板(厚度 4mm 以下)	一般采用冷轧法
	厚板(厚度 4～60mm)	4.5～20mm 为中厚板,>20～60mm 为厚板
	特厚板(厚度大于 60mm)	—

普通型材信息 表 1-54

型材类型	截面形状	分类	规格、型号及表示方法	供货长度	参考标准
工字钢	I	普通工字钢	用"I"加截面高度(单位为 cm)来表示。20 号以上普通工字钢依据腹板厚度和翼缘宽度的不同,同一号工字钢有 a、b 或 a、b、c 三种,其中,a 类腹板最薄、翼缘最窄,b 类较厚较宽,c 类最厚最宽。	5～19m	《热轧型钢》GB/T 706
		轻型工字钢	同样高度的轻型工字钢翼缘比普通工字钢的翼缘宽而薄,腹板亦薄,故重量较轻、截面回转半径略大。轻型工字钢亦有部分型号(从 I18 至 I30),有两种规格区分(如 I18 和 I18a,I20 和 I20a)		
槽钢	[	普通槽钢	用"["加截面高度(单位为 cm)来表示。14 号以上开始亦有 a、b 或 a、b、c 规格的区分。	5～10m,规格小的短,规格大的长	
		轻型槽钢	型号相同的轻型槽钢比普通槽钢的翼缘宽且薄、腹板厚度亦小,截面特性更好一些		
角钢	L	等边角钢	用"L"加肢长(单位为 cm)来表示。一个型号内可以有 2～7 个肢厚的不同规格	4～19m,与角钢分类、肢长等有关	
		不等边角钢			

H 型钢与工字钢的区别 表 1-55

项目	区别
翼缘宽度	H 型钢翼缘较宽
翼缘内表面	H 型钢翼缘内表面不需要有斜度,上下表面平行
材料分布	工字钢截面中材料主要集中在腹板左右,愈向两侧延伸,钢材愈少;轧制 H 型钢中,材料分布侧重在翼缘部分
截面特性	由于材料分布形式不同,H 型钢的截面特性明显优于传统的工字钢、槽钢、角钢及其组合截面,有较好的积极性

1.2.2 钢筋

钢筋的分类和要求见表 1-56。

钢筋的分类和要求 表 1-56

项目或品种		具体规定或要求
总分类		钢筋可大致分为普通钢筋(热轧钢筋、热处理钢筋)、预应力钢丝(中强度预应力钢丝、消除应力钢丝)、钢绞线和预应力螺纹钢筋等。应根据对强度、延性、连接方式、施工适应性等的要求,进行钢筋选用: 1. 纵向受力普通钢筋可采用 HRB400、HRB500、HRBF400、HRBF500、HRB335、RRB400、HPB300 钢筋;梁、柱和剪力墙构件的纵向受力普通钢筋宜采用 HRB400、HRB500、HRBF400、HRBF500 钢筋。 2. 箍筋宜采用 HRB400、HRBF400、HRB335、HPB300、HRB500、HRBF500 钢筋。 3. 预应力筋宜采用预应力钢丝、钢绞线和预应力螺纹钢筋。 注:RRB400 钢筋不宜用作重要部位的受力钢筋,不应用于直接承受疲劳荷载的构件
热轧钢筋	分类	热轧钢筋的分类见表 1-57
	力学性能	力学性能见表 1-58。 钢筋冷弯后,受弯曲部位表面不得产生裂纹。根据需方要求,钢筋可进行反向弯曲性能试验。 钢筋应无有害的表面缺陷。 对有抗震设防要求的结构,其纵向受力钢筋的强度应满足设计要求,当设计无具体要求时,对一、二级抗震等级,检验所得的强度实测值应符合下列规定:钢筋的抗拉强度实测值与屈服强度实测值的比值不应小于 1.25,钢筋的屈服强度实测值与屈服强度特征值的比值不应大于 1.3
	尺寸及允许偏差	光圆钢筋当直径 $d \leqslant 12\text{mm}$ 时,直径允许偏差±0.3mm;当直径 $d=14\text{mm}$,直径允许偏差±0.4mm。光圆钢筋的不圆度≤0.4mm。 对于表面形状为月牙肋的钢筋,其尺寸及允许偏差应符合表 1-59 的规定
	化学成分	钢筋的化学成分和碳当量(熔炼分析)应符合表 1-60 的规定。 产品钢筋的化学元素含量允许偏差见表 1-61
中强度预应力钢丝	分类及制作	制造钢丝用钢由供方根据钢丝直径和力学性能选择,其牌号及化学成分应符合《优质碳素钢热轧盘条》GB/T 4354 的规定。钢丝经冷加工或冷加工后热处理制成。按表面形状分为光面钢丝和变形钢丝两类。光面钢丝的外形具有平滑的表面,变形钢丝的表面上应有连续的螺旋肋
	力学性能	中强度预应力钢丝的力学性能应符合表 1-62 的规定
	尺寸及允许偏差	光圆钢丝尺寸及允许偏差为:当公称直径 d_n(mm)为 4.00~6.00 时为±0.05mm;当公称直径 d_n(mm)为 7.00~9.00 时为±0.06mm。 螺旋肋钢丝的外形、尺寸及允许偏差应符合表 1-63 的规定
消除应力钢丝	制作	光圆及螺旋肋消除应力低松弛钢丝,是在塑性变形下(轴应变)一次性连续进行的短时热处理才得到的,消除应力螺旋钢丝表面沿着长度方向上具有规则间隔的肋条
	力学性能	消除应力光圆及螺旋肋钢丝的力学性能应符合表 1-64 的规定
	化学成分	制造钢丝用钢的化学成分应符合《预应力钢丝及钢绞线用热轧盘条》YB/T 146 或《制丝用非合金钢盘条》GB/T 24242 的规定

项目或品种		具体规定或要求
消除应力钢丝	尺寸及允许偏差	光圆钢丝尺寸及允许偏差为: 当公称直径 d_n(mm)为 3.00 及 4.00 时,为±0.04mm; 当公称直径 d_n(mm)为 5.00～7.00 时,为±0.05mm; 当公称直径 d_n(mm)为 8.00～12.00 时,为±0.06mm。 螺旋肋钢丝的尺寸及允许偏差应符合表 1-65 的规定
钢绞线	制作及分类	由冷拉光圆钢丝及刻痕钢丝捻制的用于预应力混凝土构件的钢绞线应符合《预应力混凝土用钢绞线》GB/T 5224 的有关规定。钢绞线的捻距为钢绞线公称直径的 12～16 倍。模拔钢绞线捻距应为钢绞线公称直径的 14～18 倍。钢绞线内不应有折断、横裂和相互交叉的钢丝。 钢绞线按结构分为 5 类,其代号为: 用两根钢丝捻制的钢绞线　　1×2 用三根钢丝捻制的钢绞线　　1×3 用三根刻痕钢丝捻制的钢绞线　1×3I 用七根钢丝捻制的标准型钢绞线　1×7 用七根钢丝捻制又经模拔的钢绞线　(1×7)C
	力学性能	钢绞线的力学性能应符合表 1-66 的规定
	尺寸及允许偏差	钢绞线的尺寸及允许偏差应符合表 1-67～表 1-69 的规定
预应力螺纹钢筋	特点	螺纹钢筋是一种热轧成且带有不连续的外螺纹的直条钢筋,该钢筋在任意截面处,均可用带有匹配形状的内螺纹的连接器或锚具进行连接或锚固
	力学性能	预应力螺纹钢筋的力学性能应符合表 1-70 的规定
	尺寸及允许偏差	预应力螺纹钢筋的尺寸及允许偏差应符合表 1-71 的规定
	化学成分	钢筋的熔炼分析中,S、P 含量不大于 0.035%。生产厂家应进行化学成分和合金元素的选择,以保证经过不同方法加工的产品钢筋能满足表 1-58 规定的力学性能要求。钢筋的产品化学成分分析允许偏差应符合《钢的成品化学成分允许偏差》GB/T 222 的规定

热轧钢筋分类　　　　表 1-57

分类原则	具体分类
强度等级	300MPa 级、400MPa 级、335MPa 级及 500MPa 级四个等级
牌号	HPB300、HRB335、HRB400、HRBF400、HRB500 及 HRBF500。 "HRBF"为细晶粒热轧钢筋,是在热轧过程中,通过控轧和控冷工艺形成的细晶粒,晶粒度不粗于 9 级
外形	HPB300 级的光圆钢筋和 HRB335、HRB400、HRBF400、HRB500 及 HRBF500 级的带月牙肋的钢筋。 注:月牙肋的钢筋,其横肋不与纵肋相连,横肋的高度向两端逐步降低,呈月牙状,避免了纵横肋相交处的应力集中现象,从而使钢筋的疲劳强度和冷弯性能得到改善。在轧制过程中不易卡辊,生产较为顺畅。月牙肋钢筋与螺纹、等高肋钢筋相比,它与混凝土的粘结强度略有降低

钢筋的力学性能　　　　　　　　　　　表 1-58

牌号	屈服强度 f_{yk} (MPa)	屈服强度 f_{stk} (MPa)	断后伸长率 A(%)	最大力总伸长率 A_{gt}(%)	钢筋公称直径 d (mm)	冷弯试验180° a—弯芯直径
	不少于					
HPB300	300	420	25	10	6～14	$a=d$
HRB335	335	455	17		6～14	$a=3d$
HRB400 HRBF400	400	540	16	7.5	6～25	$a=4d$
					28～40	$a=5d$
					＞40～50	$a=6d$
HRB500 HRBF500	500	630	15		6～25	$a=6d$
					28～40	$a=7d$
					＞40～50	$a=8d$

月牙肋钢筋尺寸及允许偏差（mm）　　　　　　　表 1-59

公称直径	内径 d 公称尺寸	内径 d 允许偏差	横肋高 h 公称尺寸	横肋高 h 允许偏差	纵肋高 h_1（不大于）	横肋宽 b	纵肋宽 a	间距 l 公称尺寸	间距 l 允许偏差	横肋末端最大间隙（公称周长的10%弦长）
6	5.8	±0.3	0.6	±0.3	0.8	0.4	1.0	4.0		1.8
8	7.7		0.8	+0.4 −0.3	1.1	0.5	1.5	5.5		2.5
10	9.6		1.0	±0.4	1.3	0.6	1.5	7.0		3.1
12	11.5	±0.4	1.2		1.6	0.7	1.5	8.0	±0.5	3.7
14	13.4		1.4	+0.4 −0.5	1.8	0.8	1.8	9.0		4.3
16	15.4		1.5		1.9	0.9	1.8	10.0		5.0
18	17.3		1.6	±0.5	2.0	1.0	2.0	10.0		5.6
20	19.3	±0.5	1.7		2.1	1.2	2.0	10.0		6.2
22	21.3		1.9		2.4	1.3	2.5	10.5		6.8
25	24.2		2.1	±0.6	2.6	1.5	2.5	12.5	±0.8	7.7
28	27.2		2.2		2.7	1.7	3.0	12.5		8.6
32	31.0	±0.6	2.4	+0.8 −0.7	3.0	1.9	3.0	14.0		9.9
36	35.0		2.6	+1.0 −0.8	3.2	2.1	3.5	15.0	±1.0	11.1
40	38.7	±0.7	2.9	±1.1	3.5	2.2	3.5	15.0		12.4
50	48.5	±0.8	3.2	±1.2	3.8	2.5	4.0	16.0		15.5

注：纵肋斜角为0°～30°；尺寸 a、b 为参考数据。

牌号	化学成分（质量分数）（%）不大于					
	C	Si	Mn	P	S	Ceq
HPB300	0.25	0.55	1.50	0.045	0.050	
HRB335						0.52
HRB400 HRBF400	0.25	0.80	1.60	0.045	0.045	0.54
HRB500 HRBF500						0.55

注：碳当量 Ceq（百分比）值可按公式计算，$Ceq=C+Mn/6+（Cr+V+Mo）/5+（Cu+Ni）/15$。

种类	C	Si	Mn	V	Ti	Nb	P	S
HPB300	±0.02	±0.05	±0.06				+0.005	+0.005
HRB335 HRB400 HRBF400 HRB500 HRBF500	±0.02	±0.05	±0.03	+0.02 -0.01	+0.02 -0.01	±0.005	+0.005	+0.005

注：表中"+"值为上偏值，"-"值未下偏值。统一熔炼号的成品分析，同一元素只允许有单向偏差。

种类	公称直径（mm）	规定非比例伸长应力 $\sigma_{p0.2}$(MPa) 不小于	抗拉强度 σ_b(MPa) 不小于	断后伸长率 δ_{100}（%）不小于	反复弯曲		1000h 松弛率（%）不大于
					次数 N 不小于	弯曲半径 r（mm）	
620/800	4.0 5.0 6.0 7.0 8.0 9.0	620	800	4	4	10 15 20 20 20 25	
780/970	4.0 5.0 6.0 7.0 8.0 9.0	780	970	4	4	10 15 20 20 20 25	8
980/1270	4.0 5.0 6.0 7.0 8.0 9.0	980	1270	4	4	10 15 20 20 20 25	

种类	公称直径 （mm）	规定非比例 伸长应力 $\sigma_{p0.2}$(MPa) 不小于	抗拉强度 σ_b(MPa) 不小于	断后伸长率 δ_{100}（%） 不小于	反复弯曲		1000h 松 弛率（%） 不大于
					次数 N 不小于	弯曲半径 r （mm）	
1080/1370	4.0 5.0 6.0 7.0 8.0 9.0	1080	1370	4	4	10 15 20 20 20 25	8

螺旋肋钢丝外形、尺寸和允许偏差　　　　　　　表 1-63

公称直径 （mm）	螺旋肋数量 （条）	螺旋肋公称尺寸				
		基圆直径 D_1(mm)	外轮廓直径 D(mm)	单肋尺寸		螺旋肋导程 C(mm)
				宽度 a(mm)	高度 b(mm)	
4.0	4	3.85±0.05	4.25±0.05	0.90～1.30	0.20±0.05	24～30
5.0	4	4.80±0.05	5.40±0.05	1.30～1.70	0.25±0.05	28～36
6.0	4	5.80±0.05	6.50±0.05	1.60～2.00	0.35±0.05	30～38
7.0	4	6.73±0.05	7.46±0.10	1.80～2.20	0.40±0.05	35～45
8.0	4	7.75±0.05	8.45±0.10	2.00～2.40	0.45±0.05	40～50
9.0	6	8.75±0.05	9.45±0.10	2.10～2.70	0.45±0.05	42～52

消除应力光圆及螺旋肋钢丝的力学性能　　　　　　表 1-64

公称直径 d_n(mm)	抗拉强度 σ_b(MPa) 不小于	最大力的 特征值 F_m(kN)	最大力的 最大值 F_m(kN)	最大力下总 伸长率(L_0= 200mm)δ_{gt} (%)不小于	弯曲次数 （次/180°） 不小于	弯曲半径 R(mm)	应力松弛性能	
							初始应力相 当于公称抗 拉强度的百 分数（%）	1000h 后应 力松弛率 r（%） 不大于
							对所有规格	
4.00		18.48	20.99		3	10		
4.80		26.61	30.23		4	15		
5.00		28.86	32.78		4	15		
6.00		41.56	47.21		4	15	70	2.5
6.25	1470	45.10	51.24	3.5	4	20		
7.00		56.57	64.26		4	20		
8.00		73.88	83.93		4	20	80	4.5
9.00		93.52	106.25		4	25		
10.00		115.45	131.16		4	25		
12.00		166.26	188.88		—	—		

公称直径 d_n(mm)	螺旋肋数量/条	基圆尺寸		外轮廓尺寸		单肋尺寸	螺旋肋导程 C(mm)
		基圆直径 D_1(mm)	允许偏差(mm)	外轮廓直径 D(mm)	允许偏差(mm)	宽度 a(mm)	
4.00		3.85		4.25		0.90～1.30	24～30
4.80		4.60		5.10		1.30～1.70	28～36
5.00		4.80		5.30	±0.05		
6.00		5.80		6.30		1.60～2.00	30～38
6.25	4	6.00	±0.05	6.70			30～40
7.00		6.73		7.46		1.80～2.20	35～45
8.00		7.75		8.45	±0.10	2.00～2.40	40～50
9.00		8.75		9.45		2.10～2.70	42～52
10.00		9.75		10.45		2.50～3.00	45～58

钢绞线结构	钢绞线公称直径 D_n(mm)	抗拉强度 R_m(MPa) 不小于	整根钢绞线的最大力 F_m(kN) 不小于	规定非比例延伸力 $F_{p0.2}$(kN) 不小于	最大力总伸长率($L_0 \geq 400mm$) A_{gt}(%) 不小于	应力松弛性能	
						初始负荷相当于公称最大力的百分数(%)	1000h后应力松弛率 r(%) 不大于
1×2	5.00	1570	15.4	13.9	3.5	对所有规格	对所有规格
		1720	16.9	15.2			
		1860	18.3	16.5			
		1960	19.2	17.3			
	5.80	1570	20.7	18.6			
		1720	22.7	20.4			
		1860	24.6	22.1			
		1960	25.9	23.3			
	8.00	1470	36.9	33.2		60	1.0
		1570	39.4	35.5			
		1720	43.2	38.9			
		1860	46.7	42.0			
		1960	49.2	44.3		70	2.5
	10.00	1470	57.8	52.0			
		1570	61.7	55.5			
		1720	67.6	60.8			
		1860	73.1	65.8		80	4.5
		1960	77.0	69.3			
	12.00	1470	83.1	74.8			
		1570	88.7	79.8			
		1720	97.2	87.5			
		1860	105	94.5			

钢绞线结构	钢绞线公称直径 D_n (mm)	抗拉强度 R_m (MPa) 不小于	整根钢绞线的最大力 F_m (kN) 不小于	规定非比例延伸力 $F_{p0.2}$ (kN) 不小于	最大力总伸长率(L_0 ≥400mm) A_{gt}(%) 不小于	应力松弛性能	
						初始负荷相当于公称最大力的百分数(%)	1000h后应力松弛率 r(%) 不大于
1×3	6.20	1570	31.1	28.0	对所有规格 3.5	对所有规格 60 70 80	对所有规格 1.0 2.5 4.5
		1720	34.1	30.7			
		1860	36.8	33.1			
		1960	38.8	34.9			
	6.50	1570	33.3	30.0			
		1720	36.5	32.9			
		1860	39.4	35.5			
		1960	41.6	37.4			
	8.60	1470	55.4	49.9			
		1570	59.2	53.3			
		1720	64.8	58.3			
		1860	70.1	63.1			
		1960	73.9	66.5			
	8.74	1570	60.6	54.5			
		1670	64.5	58.1			
		1860	71.8	64.6			
	10.80	1470	86.6	77.9			
		1570	92.5	83.3			
		1720	101	90.9			
		1860	110	99.0			
		1960	115	104			
	12.90	1470	125	113			
		1570	133	120			
		1720	146	131			
		1860	158	142			
		1960	166	149			
1×3I	8.74	1570	60.6	54.5			
		1670	64.5	58.1			
		1860	71.8	64.6			

钢绞线结构	钢绞线公称直径 D_n（mm）	抗拉强度 R_m（MPa）不小于	整根钢绞线的最大力 F_m（kN）不小于	规定非比例延伸力 $F_{p0.2}$（kN）不小于	最大力总伸长率（$L_0 \geqslant 400mm$）A_{gt}（%）不小于	应力松弛性能	
						初始负荷相当于公称最大力的百分数（%）	1000h后应力松弛率 r（%）不大于
1×7	9.50	1720	94.3	84.9	对所有规格	对所有规格	对所有规格
		1860	102	91.8			
		1960	107	96.3			
	11.10	1720	128	115			
		1860	138	124			
		1960	145	131			
	12.70	1720	170	153			
		1860	184	166			
		1960	193	174			
	15.20	1470	206	185		60	1.0
		1570	220	198			
		1670	234	211	3.5		
		1720	241	217		70	2.5
		1860	260	234			
		1960	274	247			
	15.70	1770	266	239		80	4.5
		1860	279	251			
	17.80	1720	327	294			
		1860	353	318			
(1×7)C	12.70	1860	208	187			
	15.20	1820	300	270			
	18.00	1720	384	346			

注：规定比例延伸力 $F_{p0.2}$ 不小于整根钢绞线的最大力 F_m 的90%。

1×2 结构钢绞线的尺寸及允许偏差　　　　　　表 1-67

钢绞线结构	公称直径		钢绞线直径允许偏差（mm）	钢绞线参考截面积 S_n（mm^2）	每米钢绞线参考质量（g/m）
	钢绞线直径 D_n（mm）	钢丝直径 d（mm）			
1×2	5.00	2.50	+0.15 −0.05	9.82	77.1
	5.80	2.90		13.2	104
	8.00	4.00	+0.25 −0.10	25.1	197
	10.00	5.00		39.3	309
	12.00	6.00		56.5	444

1×3 结构钢绞线的尺寸及允许偏差

表 1-68

钢绞线结构	公称直径		钢绞线测量尺寸 A(mm)	钢绞线直径允许偏差 (mm)	钢绞线参考截面面积 S_n(mm²)	每米钢绞线参考质量 (g/m)
	钢绞线直径 D_n(mm)	钢丝直径 d(mm)				
1×2	6.20	2.90	5.41	+0.15 −0.05	19.8	155
	6.50	3.00	5.60		21.2	166
	8.60	4.00	7.46	+0.20 −0.10	37.7	296
	8.74	4.05	7.56		38.6	303
	10.80	5.00	9.33		58.9	462
	12.90	6.00	11.20		84.8	666
1×3I	8.74	4.04	7.54		38.5	302

1×7 结构钢绞线的尺寸及允许偏差

表 1-69

钢绞线结构	钢绞线直径 D_n(mm)	直径允许偏差(mm)	绞线参考截面面积 S_n(mm²)	每米钢绞线参考质量 (g/m)	中心钢丝直径 d_n 加大范围 (%)不小于
1×7	9.50	+0.30 −0.15	54.8	430	2.5
	11.10		74.2	582	
	12.70	+0.40 −0.20	98.7	775	
	15.20		140	1101	
	15.70		150	1178	
	17.80		191	1500	
(1×7)C	12.70	+0.40 −0.20	112	890	
	15.20		165	1295	
	18.00		223	1750	

预应力螺纹钢筋的力学性能

表 1-70

级别	屈服强度 R_{eL}(MPa)	抗拉强度 R_m(MPa)	断后伸长率 A(%)	最大力下总伸长率 A_{gt}(%)	应力松弛性能	
					初始应力	1000h 后应力松弛率 V_r(%)
	不小于					
PSB785	785	980	8	3.5	0.7R_m	≤4.0
PSB830	830	1030	7			
PSB930	930	1080	7			
PSB1080	1080	1230	6			

注：1. 无明显屈服时，屈服强度 R_{eL} 用规定非比例延伸强度（$R_{p0.2}$）代替；

2. 预应力螺纹钢筋以屈服强度划分级别，用代号为 "PSB" 加上规定屈服强度最小值表示。

预应力螺纹钢筋的外形尺寸及允许偏差 表 1-71

| 公称直径(mm) | 基圆直径(mm) | | | | 螺纹高(mm) | | 螺纹底宽(mm) | | 螺距(mm) | | 螺纹根弧 r(mm) | 导角 α |
| | d_h | | d_v | | h | | b | | l | | | |
	公称尺寸	允许偏差	公称尺寸	允许偏差	公称尺寸	允许偏差	公称尺寸	允许偏差	公称尺寸	允许偏差		
18	18.0	±0.4	18.0	+0.4 −0.8	1.2	±0.3	4.5	±0.5	10.0	±0.2	0.5	80.5°
25	25.0		25.0	+0.4 −0.8	1.6		6.0		12.0		1.5	81°
32	32.0	±0.5	32.0	+0.4 −1.2	2.0	±0.4	7.0		16.0	±0.3	2.0	81.5°
36	36.0		36.0	+0.4 −1.2	2.2		8.0		18.0		2.5	81.5°
40	40.0		40.0	+0.4 −1.2	2.5	±0.5	8.0		20.0		2.5	81.5°
50	50.0		50.0	+0.4 −1.2	3.0		9.0		24.0		2.5	81.8°

1.3 预埋件

1.3.1 灌浆套筒

钢筋连接用灌浆套筒是采用铸造工艺或机械加工工艺制造,用于钢筋套筒灌浆连接的金属套筒,简称灌浆套筒,其适用于直径为 12~40mm 热轧带肋或余热处理钢筋套筒灌浆连接。灌浆套筒的分类及质量要求见表 1-72。

灌浆套筒的分类及质量要求 表 1-72

项次	项目	具体要求
1	分类及构造	灌浆套筒根据加工方式和结构形式的特点进行分类,见表 1-73。 全灌浆套筒和半灌浆套筒的构造见图 1-1
2	型号表示	灌浆套筒型号由名称代号、分类代号、钢筋强度级别主参数代号、加工方式分类代号、钢筋直径主参数代号、特制代号和更新及变形代号组成。灌浆套筒主参数应为被连接钢筋的强度级别和公称直径。灌浆套筒型号表示见图 1-2。 根据图 1-2 列举型号示例:连接标准屈服强度为 400MPa、直径 40mm 钢筋,采用铸造加工的整体式全灌浆套筒表示为 GTQ4Z-40;连接标准屈服强度为 500MPa,灌浆端连接直径 36mm 钢筋,非灌浆端连接直径 32mm 钢筋,采用机械加工方式加工的剥肋滚轧直螺纹灌浆套筒的第一次变形表示为 GTB5J-36/32A;连接标准屈服强度为 500MPa,直径 32mm 钢筋,采用机械加工的分体式全灌浆套筒表示为:GTQ5J-32F

项次	项目	具体要求
3	一般要求	1. 全灌浆套筒中部、半灌浆套筒排浆孔位置计入最大负公差后筒体拉力最大区段的抗拉承载力和屈服承载力的设计,应符合:①设计抗拉承载力不应小于被连接钢筋抗拉承载力标准值的 1.15 倍;②设计屈服承载力不应小于被连接钢筋屈服承载力标准值。 2. 灌浆套筒生产应符合产品设计要求,灌浆套筒尺寸应根据被连接钢筋牌号、直径及套筒原材料的力学性能,按上一款规定的设计抗拉承载力、屈服承载力计算和灌浆套筒力学性能要求确定,套筒灌浆连接接头性能应符合 JGJ 355 的规定。 3. 灌浆套筒长度应根据试验确定,且灌浆连接端的钢筋锚固长度不宜小于 8 倍钢筋直径,其锚固长度不包括钢筋安装调整长度和封浆挡圈段长度,全灌浆套筒中间轴向定位点两侧应预留钢筋安装调整长度,预制端不应小于 10mm,装配端不应小于 20mm。 4. 灌浆套筒封闭环剪力槽宜符合表 1-74 的规定,其他非封闭环剪力槽结构形式的灌浆套筒应通过灌浆接头试验确定,且灌浆套筒结构的锚固性能不应低于同等灌浆接头封闭环剪力槽的作用。 5. 灌浆套筒计入负公差后的最小壁厚应符合表 1-75 的规定。 6. 半灌浆套筒螺纹端与灌浆端连接处的通孔直径设计不宜过大,螺纹小径与通孔直径差不应小于 1mm,通孔的长度不应小于 3mm。 7. 灌浆套筒最小内径与被连接钢筋的公称直径的差值应符合表 1-76 的规定。 8. 分体式全灌浆套筒和分体式半灌浆套筒的分体连接部分的力学性能和螺纹副配合应符合:①设计抗拉承载力不应小于被连接钢筋抗拉承载力标准值的 1.15 倍;②设计屈服承载力不应小于被连接钢筋屈服承载力标准值;③螺纹副精度应符合 GB/T 197 中 6H、6f 的规定。 9. 灌浆套筒使用时螺纹副的旋紧力矩应符合表 1-77 的规定
4	材料性能	1. 铸造灌浆套筒应符合:①铸造灌浆套筒材料宜选用球墨铸铁;②采用球墨铸铁制造的灌浆套筒,其材料性能、几何形状尺寸及尺寸公差应符合 GB/T 1348 的规定,材料性能参数见表 1-78。 2. 机械加工灌浆套筒应符合:①机械加工灌浆套筒原材料宜选用优质碳素结构钢、低合金高强度结构钢、合金结构钢、冷拔或冷轧精密无缝钢管、结构用无缝钢管,其力学性能及外观、尺寸应符合 GB/T 699、GB/T 700、GB/T 1591、GB/T 3077、GB/T 3639、GB/T 8162、GB/T 702、GB/T 17395 的规定,优质碳素结构钢热轧和锻制圆管坯应符合 YB/T 5222 的规定,材料性能参数见表 1-79;②当机械加工灌浆套筒原材料采用 45 号钢的冷轧精密无缝钢管时,应进行退火处理,并应符合 GB/T 3639 的规定,其抗拉强度不应大于 800MPa,断后伸长率不宜小于 14%。45 号钢冷轧精密无缝钢管的原材料应采用牌号为 45 号的钢坯管,并应符合 YB/T 5222 的规定;③当机械加工灌浆套筒原材料采用冷压或冷轧加工工艺成型时,应进行退火处理,并应符合 GB/T 3639 的规定,其抗拉强度不应大于 800MPa,断后伸长率不宜小于 14%,且灌浆套筒设计时不应利用经冷加工提高强度而减少灌浆套筒横截面面积。机械滚压或挤压加工的灌浆套筒材料宜选用 Q345、Q390 及其他符合 GB/T 8162 规定的钢管材料,亦可选用符合 GB/T 699 规定的机械加工钢管材料;④机械加工灌浆套筒原材料可选用经接头型式检验证明符合 JGJ 355 中接头性能规定的其他钢材
5	尺寸偏差	灌浆套筒的尺寸偏差应符合表 1-80 的规定

项次	项目	具体要求
6	外观	1.铸造灌浆套筒内外表面不应有影响使用性能的夹渣、冷隔、砂眼、缩孔、裂纹等质量缺陷。 2.机械加工灌浆套筒外表面可为加工表面或无缝钢管、圆钢的自然表面,表面应无目测可见裂纹等缺陷,端面和外表面的边棱处应无尖棱、毛刺。 3.灌浆套筒表面允许有锈斑或浮锈,不应有锈皮。 4.滚压型灌浆套筒滚压加工时,灌浆套筒内外表面不应出现微裂纹等缺陷。 5.灌浆套筒产品表面应刻印清晰、持久性的标识,标识应包括符合型号表示规定的标记和厂家代号、可追溯原材料性能的生产批号、铸造炉批号。厂家代号可采用字符或图案。生产批号代号可采用数字或数字与符号组合
7	力学性能	1.灌浆套筒的力学性能试验。将灌浆套筒极限抗拉强度不小于其标准值1.15倍的钢筋、实际承载力不小于被连接钢筋受拉承载力标准值的1.20倍的高强度工具杆和符合JGJ 355型式检验要求的灌浆料,灌浆端按照JGJ 355规定的套筒灌浆连接接头型式检验试件制作方法、非灌浆端按照JGJ 107规定的直螺纹接头制作方法,制成对中接头试件3个,按照JGJ 107规定的单向拉伸加载制度试验,记录每个灌浆接头试件的屈服强度值、极限抗拉强度值、残余变形值和最大力伸长率。 2.灌浆套筒型式检验的力学性能试验。将灌浆套筒极限抗拉强度不小于其标准值1.15倍的钢筋、符合JGJ 355型式检验要求的灌浆料,灌浆端按照JGJ 355规定的套筒灌浆连接接头型式检验试件制作方法、非灌浆端按照JGJ 107规定的直螺纹接头制作方法,制成套筒灌浆连接接头试件,制作数量、试验方法应按照JGJ 355规定的套筒灌浆连接接头型式检验方法进行。 3.灌浆套筒的疲劳性能试验。将灌浆套筒极限抗拉强度不小于其标准值1.15倍的钢筋、符合JGJ 355型式检验要求的灌浆料,灌浆端按照JGJ 355规定的套筒灌浆连接接头型式检验试件制作方法、非灌浆端按照JGJ 107规定的直螺纹接头制作方法,制成套筒灌浆连接接头试件,制作数量、试验方法应按照JGJ 107规定的接头疲劳检验方法进行

灌浆套筒分类 表 1-73

分类方式	名称		
结构型式	全灌浆套筒	整体式全灌浆套筒	
		分体式全灌浆套筒	
	半灌浆套筒	整体式半灌浆套筒	
		分体式半灌浆套筒	
加工方式	铸造成型	—	
	机械加工成型	切削加工	
		压力加工	

注:全灌浆套筒指套筒两端均采用灌浆方式连接钢筋的灌浆套筒;整体式全灌浆套筒指套筒由一个单元组成的全灌浆套筒;分体式全灌浆套筒指筒体由两个单元通过螺纹连接成整体的全灌浆套筒;半灌浆套筒指筒体一端采用灌浆方式连接,另一端采用非灌浆方式连接钢筋的灌浆套筒;整体式半灌浆套筒指套筒由一个单元组成的半灌浆套筒;分体式半灌浆套筒指由相互独立的灌浆端筒体和螺纹连接单元组成的半灌浆套筒。

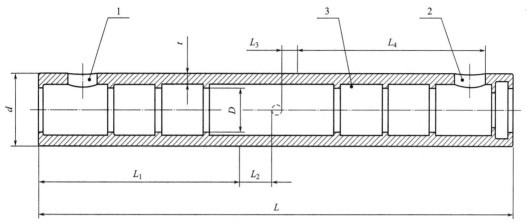

(a) 整体式全灌浆套筒

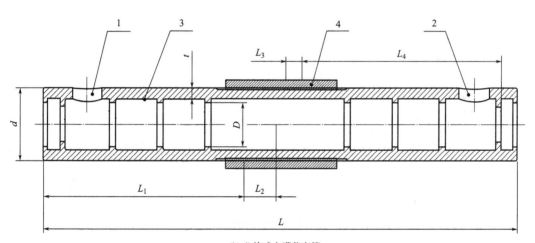

(b) 分体式全灌浆套筒

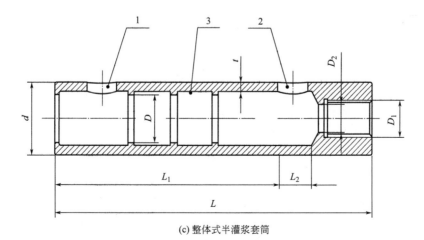

(c) 整体式半灌浆套筒

图 1-1　灌浆套筒构造示意图（1）

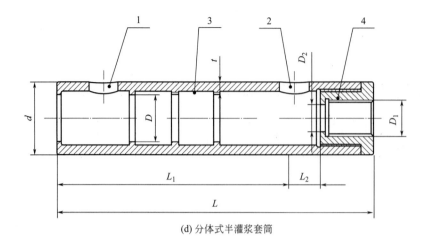

(d) 分体式半灌浆套筒

(e) 滚压型全灌浆套筒

说明:
1—灌浆孔;
2—排浆孔;
3—剪力槽;
4—连接套筒;
L—连接套筒总长;
L_1—注浆端锚固长度;
L_2—装配端预留钢筋安装调整长度。

尺寸:
L_3—预制端预留钢筋安装调整长度;
L_4—排浆端锚固长度;
t—灌浆套筒名义壁厚;
d—灌浆套筒外径;
D—灌浆套筒最小内径;
D_1—灌浆套筒机械连接端螺纹的公称直径;
D_2—灌浆套筒螺纹端与灌浆端连接处的通孔直径。

注 1.D 不包括灌浆孔、排浆孔外侧因导向、定位等其他目的而设置的比锚固段定环形突起内径偏小的尺寸。

2.D 可为非等截面。

3.图 (a) 和图 (e) 中间虚线部分为竖向全灌浆套筒设计的中部限位挡片或挡杆。

4.当灌浆套筒为竖向连接套筒时,套筒注浆端锚固长度 L_1 位从套筒端面至挡销圆柱面深度减去调整长度 20mm;当灌浆套筒为水平连接套筒时,套筒注浆端锚固长度 L_1 位从密封圈内侧端面位置至挡销圆柱面深度减去调整长度 20mm。

图 1-1 灌浆套筒构造示意图（2）

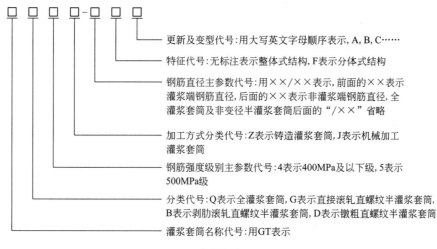

更新及变型代号:用大写英文字母顺序表示,A,B,C……

特征代号:无标注表示整体式结构,F表示分体式结构

钢筋直径主参数代号:用××/××表示,前面的××表示
灌浆端钢筋直径,后面的××表示非灌浆端钢筋直径,全
灌浆套筒及非变径半灌浆套筒后面的"/××"省略

加工方式分类代号:Z表示铸造灌浆套筒,J表示机械加工
灌浆套筒

钢筋强度级别主参数代号:4表示400MPa及以下级,5表示
500MPa级

分类代号:Q表示全灌浆套筒,G表示直接滚轧直螺纹半灌浆套筒,
B表示剥肋滚轧直螺纹半灌浆套筒,D表示镦粗直螺纹半灌浆套筒

灌浆套筒名称代号:用GT表示

图 1-2 灌浆套筒型号表示

灌浆套筒封闭环剪力槽   表 1-74

连接钢筋直径(mm)	12~20	22~32	36~40
剪力槽数量(个)	≥3	≥4	≥5
剪力槽两侧凸台轴向宽度(mm)	≥2		
剪力槽两侧凸台径向宽度(mm)	≥2		

灌浆套筒计入负公差后的最小壁厚   表 1-75

连接钢筋公称直径	12~14	16~40
机械加工成型灌浆套筒	2.5	3
铸造成型灌浆套筒	3	4

灌浆套筒最小内径与被连接钢筋的公称直径的差值   表 1-76

连接钢筋公称直径	12~25	28~40
灌浆套筒最小内径与被连接钢筋的公称直径的差值	≥10	≥15

灌浆套筒螺纹副旋紧力矩值   表 1-77

钢筋公称直径(mm)	12~25	28~40
铸造灌浆套筒的螺纹副旋紧扭矩(N·m)	≥10	≥15
机械加工灌浆套筒的螺纹副旋紧扭矩(N·m)		

注:扭矩值是直螺纹连接处最小安装拧紧扭矩值。

球墨铸铁灌浆套筒的材料性能   表 1-78

项目	材料	抗拉强度 R_m(MPa)	断后伸长率 A(%)	球化率(%)	硬度(HBW)
性能指标	QT500	≥500	≥7	≥85	170~230
	QT550	≥550	≥5		180~250
	QT600	≥600	≥3		190~270

项目	性能指标					
材料	45 号圆钢	45 号圆管	Q390	Q345	Q235	40Cr
屈服强度 R_{eL}(MPa)	≥355	≥335	≥390	≥345	≥235	≥785
抗拉强度 R_m(MPa)	≥600	≥590	≥490	≥470	≥375	≥980
断后伸长率 A(%)	≥16	≥14	≥18	≥20	≥25	≥9

注：当屈服现象不明显时，用规定塑性延伸强度 $R_{p0.2}$ 代替。

项次	项目	灌浆套筒尺寸偏差					
		铸造灌浆套筒			机械加工灌浆套筒		
1	钢筋直径(mm)	10～20	22～32	36～40	10～20	22～32	36～40
2	内、外径允许偏差(mm)	±0.8	±1.0	±1.5	±0.5	±0.6	±0.8
3	壁厚允许偏差(mm)	±0.8	±1.0	±1.2	±12.5%l 或±0.4 较大者取其中较大者		
4	长度允许偏差(mm)	±2.0			±1.0		
5	最小内径允许偏差(mm)	±1.5			±1.0		
6	剪力槽两侧凸台顶部轴向宽度允许偏差(mm)	±1.0			±1.0		
7	剪力槽两侧凸台径向高度允许偏差(mm)	±1.0			±1.0		
8	直螺纹精度	GB/T 197 中 6H 级			GB/T 197 中 6H 级		

1.3.2 金属波纹管

　　用于装配式混凝土结构的金属波纹管为以镀锌或不镀锌低碳钢带螺旋折叠咬口制成且作为预留孔的金属管。金属波纹管的分类及质量要求见表 1-81。

项次	项目	具体要求
1	分类及标记	金属波纹管按径向刚度分为标准型和增强型；也可按每两个相邻折叠咬口之间凸起波纹的数量分为双波、多波。 金属波纹管的标记由代号、内径尺寸及径向刚度类别三部分组成，见图 1-3。 根据图 1-3 列举型号示例：内径为 70mm 的标准型圆管标记为 JBG-70B；内径为 70mm 的增强型圆管标记为 JBG-70Z
2	材料	用于制作金属波纹管的钢带应为软钢带，性能应符合 GB/T 11253 的规定；当采用镀锌钢带时，其双面镀锌层重量不应小于 60g/m² ，性能应符合 GB/T 2518 的规定。钢带应附有产品合格证或质量保证书。钢带厚度宜根据金属波纹管的直径及刚度指标要求确定，不同直径的标准型及增强型金属波纹管的钢带厚度不应小于表 1-82 的规定

项次	项目	具体要求
3	外观	金属波纹管外观应清洁,内外表面应无锈蚀、油污、附着物、孔洞和不规则的褶皱,咬口无开裂、脱扣
4	构造	1. 金属波纹管螺旋宜为右旋。 2. 金属波纹管折叠咬口的重叠部分宽度不应小于钢带厚度的 8 倍,且不应小于 2.5mm。 3. 金属波纹管折叠咬口部分之间的凸起波纹顶部和根部均应为圆弧过渡,不应有折角
5	尺寸	金属波纹圆管的内径尺寸及允许偏差见表 1-83。 金属波纹管的波纹高度 h_e 应根据管径及径向刚度要求确定,其波纹高度不应小于表 1-84 的规定,波纹高度如图 1-4 所示
6	径向刚度	金属波纹管径向刚度应符合表 1-85 的规定
7	抗渗漏性能	在规定的集中荷载作用后或在规定的弯曲情况下,金属波纹管允许水泥浆泌水渗出,但不得渗出水泥浆

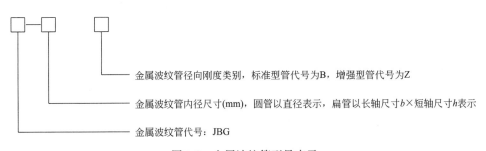

金属波纹管径向刚度类别,标准型管代号为B,增强型管代号为Z

金属波纹管内径尺寸(mm),圆管以直径表示,扁管以长轴尺寸b×短轴尺寸h表示

金属波纹管代号:JBG

图 1-3　金属波纹管型号表示

圆管内径与钢带厚度对应关系表（mm） 表 1-82

圆管内径		40	45	50	55	60	65	70	75	80	85	90	95[a]	96	102	108	114	120	126	132
最小钢带厚度	标准型	0.30[b]		0.30						0.35				0.40						
	增强型	0.30		0.35				0.40			0.45		—	0.50					0.60	

a 直径 95mm 的波纹管仅用作连接用管;
b《装配式混凝土建筑技术标准》GB/T 51231 规定金属波纹管厚度不小于 0.3mm,且未区分标准型与增强型,因此,在《预应力混凝土用金属波纹管》JG/T 225 原 0.28 的基础上进行了提高。当有可靠的工程经验时,金属波纹管的钢带厚度可进行适当调整。

圆管内径尺寸及其允许偏差（mm） 表 1-83

内径	40	45	50	55	60	65	70	75	80	85	90	95[a]	96	102	108	114	120	126	132
允许偏差	±0.5																		

注: 表中未列尺寸的规格由供需双方协议确定。

金属波纹管的波纹高度（mm）　　　　　　　　　　　　　表 1-84

圆管内径	40	45	50	55	60	65	70	75	80	85	90	95	96	≥102
最小波纹高度 h_e	2.5												3.0	

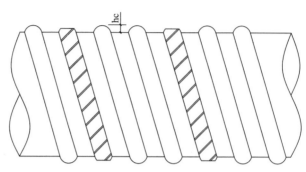

图 1-4　金属波纹管波纹高度示意图

金属波纹管径向刚度要求　　　　　　　　　　　　表 1-85

截面形状			圆形	扁形
集中荷载(N)	标准型		800	500
	增强型			
均布荷载(N)	标准型		$F=0.31d^2$	$F=0.15d_e^2$
	增强型			
δ	标准型	$d \leqslant 75mm$	≤0.20	≤0.20
		$d > 75mm$	≤0.15	
	增强型	$d \leqslant 75mm$	≤0.10	≤0.15
		$d > 75mm$	≤0.08	

注：圆管内径及扁管短轴长度均为公称尺寸；F—均布荷载值（N）；d—圆管内径（mm）；d_e—扁管等效直径（mm），$d_e = 2(b+h)/\pi$；δ—内径变形比，$\delta = \Delta d/d$ 或 $\delta = \Delta d/h$，Δd—外径变形值。

1.3.3　保温拉结件

外墙保温拉结件用于连接预制夹心保温墙内、外叶预制混凝土墙板及保温层以形成整体墙板，其要承受外叶墙的自重、外叶墙所受的风荷载（特别是在高层建筑中）或地震作用。按传递剪力情况可将连接件分为两大类：剪力连接件和非剪力连接件，剪力连接件可以将墙板抗弯引起的纵向剪力从外叶板传递给内叶板，通常用在组合夹心墙板中提供较高的抗剪能力。非剪力连接件也称作柔性连接件，垂直于保温板平面设置，基本不传递内外叶混凝土板间的纵向剪力，主要用于非组合墙板中抵抗脱模、运输、储存、安装、风荷载和水平地震作用等引起的拉压张力，在组合墙板中当剪力连接件间距较大时也可配合使用非剪力连接件。

拉结件按其材料主要分为金属和非金属两大类，前者可采用针式镀锌或不锈钢连接件，后者可采用塑料或纤维增强复合材料连接件，当前相关产品见图 1-5。

保温拉结件的质量要求见表 1-86。

(a) 纤维增强复合材料连接件   (b) 不锈钢抗扭和抗剪拉结件

图 1-5 保温拉结件

保温拉结件的质量要求   表 1-86

项次	项目或分类	具体要求
1	基本规定	1.金属及非金属材料拉结件均应具有规定的承载力、变形和耐久性能,并经过试验验证。 2.应满足防腐和耐久性要求。 3.应满足夹心外墙板的节能设计要求
2	纤维增强塑料(FRP)拉结件	纤维增强塑料(FRP)拉结件由纤维增强塑料连接板(杆)和套环组成,宜采用拉挤成型工艺制作,端部宜设计带有锚固槽口的形式。 其材料力学性能指标应符合表 1-87 的要求。 纤维增强塑料(FRP)拉结件应具有足够的抗拔承载力
3	不锈钢拉结件	不锈钢拉结件的材料力学性能指标应符合表 1-88 的要求。 不锈钢材应符合现行国家标准《不锈钢棒》GB/T 1220、《不锈钢冷加工钢棒》GB/T 4226、《不锈钢冷轧钢板和钢带》GB/T 3280、《不锈钢热轧钢板和钢带》GB/T 4237 的有关规定

纤维增强塑料(FRP)拉结件材料力学性能   表 1-87

项目	指标要求	试验方法
拉伸强度(MPa)	≥700	GB/T 1447
拉伸弹模(GPa)	≥42	GB/T 1447
层间抗剪强度(MPa)	≥40	JC/T 773

不锈钢拉结件材料力学性能   表 1-88

项目	指标要求	试验方法
名义屈服强度(MPa)	≥380	GB/T 228
拉伸强度(MPa)	≥500	GB/T 228
拉伸弹模(GPa)	≥190	GB/T 228
抗剪强度(MPa)	≥300	GB/T 6400

1.3.4 吊环

吊环可做成如图 1-6 所示的形式。

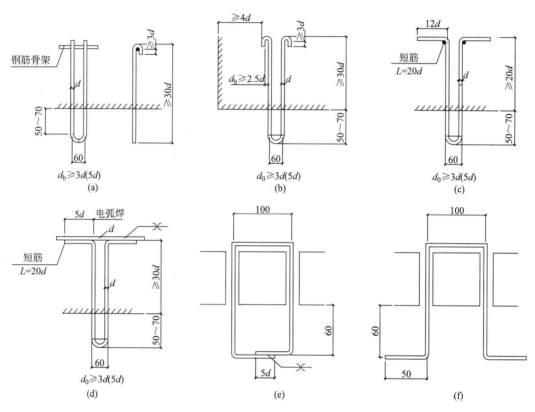

图 1-6 吊环的形式及构造要求

（a）、（c）、（d）末端有横向短钢筋吊环；（b）普通吊环；（e）、（f）活动吊环

（带肋钢筋 HRB400E 锚入端不设 180°弯钩，括号内数值用于 HRB400E 钢筋）

吊环应采用 HPB300 级钢筋和 Q235 钢棒制作，当确有工程经验时，也可用 HRB400E 钢筋制作，其抗拉强度设计值仍按 HPB300 钢筋取用，$f_y = 270\text{N}/\text{mm}^2$，严禁使用冷加工钢筋。

吊环应满足图 1-6 所示的构造要求，吊环锚入混凝土的长度不应小于 $30d$，并应绑扎在钢筋骨架上，对于活动吊环，其直径不宜大于 12mm。

当构件的混凝土强度等级≥C30 时，截面高度较小而无法满足锚固长度要求时，吊环锚筋可以弯折，但其直段不得小于 $20d$，水平段不得小于 $12d$。

当锚固钢筋保护层厚度不大于 $5d$ 时，锚固长度范围内应配置横向构造钢筋，其直径不应小于 $d/4$；对梁、柱、斜撑等构件间距不应大于 $5d$，对板、墙等平面构件要求可适当放松，但其间距不应大于 $10d$，且均不应大于 100mm。

1.3.5 钢筋锚固板

钢筋锚固板的质量要求见表 1-89。

钢筋锚固板的质量要求　　　　　　　　　　　　　　　　表 1-89

项次	项目	具体要求
1	分类	锚固板的分类见表 1-90
2	尺寸	锚固板的尺寸应符合下列规定： 1. 全锚固板承压面积不应小于锚固钢筋公称面积的 9 倍。 2. 部分锚固板承压面积不应小于锚固钢筋公称面积的 4.5 倍。 3. 锚固板厚度不应小于锚固钢筋公称直径。 4. 当采用不等厚或长方形锚固板时，除应满足上述面积和厚度要求外，尚应通过省部级的产品鉴定。 5. 采用部分锚固板锚固的钢筋公称直径不宜大于 40mm；当公称直径大于 40mm 的钢筋采用部分锚固板锚固时，应通过试验验证确定其设计参数
3	原材料	锚固板原材料宜选用表 1-91 中的牌号；当锚固板与钢筋采用焊接连接时，锚固板原材料尚应符合现行行业标准《钢筋焊接及验收规程》JGJ 18 对连接件材料的可焊性要求。 采用锚固板的钢筋应符合现行国家标准《钢筋混凝土用钢 第 2 部分：热轧带肋钢筋》GB/T 1499.2 及《钢筋混凝土用余热处理钢筋》GB 13014 的规定；采用部分锚固板的钢筋不应采用光圆钢筋。采用全锚固板的钢筋可选用光圆钢筋。光圆钢筋应符合现行国家标准《钢筋混凝土用钢 第 1 部分：热轧光圆钢筋》GB/T 1499.1 的规定。 锚固板与钢筋的连接宜选用直螺纹连接，连接螺纹的公差带应符合《普通螺纹 公差》GB/T 197 中 6H、6f 级精度规定。采用焊接连接时，宜选用穿孔塞焊，其技术要求应符合现行行业标准《钢筋焊接及验收规程》JGJ 18 的规定

锚固板分类　　　　　　　　　　　　　　　　　　　　　表 1-90

分类方法	具体类别
按材料分	球墨铸铁锚固板、钢板锚固板、锻钢锚固板、铸钢锚固板
按形状分	圆形、方形、长方形
按厚度分	等厚、不等厚
按连接方式分	螺纹连接锚固板、焊接连接锚固板
按受力性能分	部分锚固板、全锚固板

锚固板原材料力学性能要求　　　　　　　　　　　　　表 1-91

锚固板原材料	牌号	抗拉强度 σ_s（N/mm^2）	屈服强度 σ_b（N/mm^2）	伸长率 δ（%）
球墨铸铁	QT450-10	≥450	≥310	≥10
钢板	45	≥600	≥355	≥16
钢板	Q345	450～630	≥325	≥19
锻钢	45	≥600	≥355	≥16
锻钢	Q235	370～500	≥225	≥22
铸钢	ZG230-450	≥450	≥230	≥22
铸钢	ZG270-500	≥500	≥270	≥18

1.3.6 常用预埋吊件

预制构件中常用的吊装件除传统吊环外，也经常采用专用预埋吊件，如实心带孔套筒、内埋式金属螺母、内埋式吊钉、实心横孔带孔套管、压缩扁口带杆套管以及S型、波浪型扣压螺纹钢套管等，相关部分产品示例照片见图1-7。

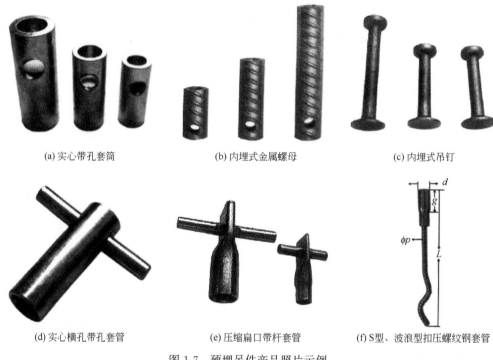

(a) 实心带孔套筒　　　　(b) 内埋式金属螺母　　　　(c) 内埋式吊钉

(d) 实心横孔带孔套管　　(e) 压缩扁口带杆套管　(f) S型、波浪型扣压螺纹钢套管

图1-7　预埋吊件产品照片示例

预埋吊件产品质量应符合相关产品技术标准，此处仅给出内埋式螺母和内埋式吊钉的相关技术质量要求，见表1-92～表1-94。

常用内埋式螺母技术性能表一　　　　　　　　　表 1-92

品名(形状)	规格			螺栓(SS400)		螺母(SD295A)		混凝土抗拉强度(kN)		适用螺母	备注
	型号	长度	外径	拉力(kN)	剪力(kN)	拉力(kN)	剪力(kN)	$F_c=$12N	$F_c=$30N		
Y型螺母	M10	75	D16	13.63	7.86	35.43	20.45	13.96	22.07	Y.O	
		100		13.63	7.86	35.43	20.45	23.72	37.51		
	M12	100	D19	19.81	11.43	59.65	34.43	24.34	38.48	Y.O	
		150		19.81	11.43	59.65	34.43	51.84	81.97		
	M16	100	D22	36.90	21.29	67.88	39.19	24.95	39.45	Y	特殊用途以外不要使用
		150		36.90	21.29	67.88	39.19	52.76	83.43		

品名 （形状）	规格			螺栓（SS400）		螺母（SD295A）		混凝土抗拉 强度（kN）		适用 螺母	备注
	型号	长度	外径	拉力 （kN）	剪力 （kN）	拉力 （kN）	剪力 （kN）	$F_c=$ 12N	$F_c=$ 30N		
O型 螺母	M16	100	D25	36.90	21.29	103.16	59.55	25.56	40.42	Y.O	
		150		36.90	21.29	103.16	59.55	53.69	84.88		
		200		36.90	21.29	103.16	59.55	92.03	145.52		
		250		36.90	21.29	103.16	59.55	140.60	222.31		
	M20	100	D29	57.58	33.22	117.23	55.89	26.38	41.71	O	特殊用途 以外不要 使用
		150		57.58	33.22	117.23	55.89	54.91	86.82	Y.O	
		200		57.58	33.22	117.23	55.89	93.67	148.10		
	M20	100	D32	57.58	33.22	162.01	93.53	27.00	42.68	O	
		150		57.58	33.22	162.01	93.53	55.83	88.28		
		200		57.58	33.22	162.01	93.53	84.90	150.04	Y.O	
		250		57.58	33.22	162.01	93.53	144.18	227.97		
		300		57.58	33.22	162.01	93.53	203.70	322.07		
	M22	100	D35	71.21	41.09	192.81	111.31	27.61	43.65	O	
		150		71.21	41.09	192.81	111.31	56.75	89.73		
		200		71.21	41.09	192.81	111.31	96.12	151.98	Y.O	
		250		71.21	41.09	192.81	111.31	145.72	230.40		
		300		71.21	41.09	192.81	111.31	205.54	324.98		
	M24	100	D38	82.96	47.87	232.17	134.03	28.22	44.62	O	
		150		82.96	47.87	232.17	134.03	57.67	91.19		
		200		82.96	47.87	232.17	134.03	97.35	153.92	Y.O	
		250		82.96	47.87	232.17	134.03	147.25	232.82		
		300		82.96	47.87	232.17	134.03	207.38	327.89		
	M27	100	D41	107.87	62.24	259.90	150.03	28.84	45.59	O	
		150		107.87	62.24	259.90	150.03	58.59	92.64		
		200		107.87	62.24	259.90	150.03	98.58	155.86	Y.O	
		250		107.87	62.24	259.90	150.03	148.78	235.25		
		300		107.87	62.24	259.90	150.03	209.22	330.80		
	M30	100	D51	131.84	76.07	432.47	249.66	30.88	48.83	O	
		150		131.84	76.07	432.47	249.66	61.66	97.50		
		200		131.84	76.07	432.47	249.66	102.67	162.33		
		250		131.84	76.07	432.47	249.66	153.90	243.33		
		300		131.84	76.07	432.47	249.66	215.35	340.51		

品名(形状)	规格			螺栓(SS400)		螺母(SD295A)		混凝土抗拉强度(kN)		适用螺母	备注
	型号	长度	外径	拉力(kN)	剪力(kN)	拉力(kN)	剪力(kN)	$F_c=12N$	$F_c=30N$		
O型螺母	M36	100	D51	192.00	110.79	356.95	206.06	30.88	48.83	O	
		150		192.00	110.79	356.95	206.06	61.66	97.50		
		200		192.00	110.79	356.95	206.06	102.67	162.33		
		250		192.00	110.79	356.95	206.06	153.90	243.33		
		300		192.00	110.79	356.95	206.06	215.35	340.51		

常用内埋式螺母技术性能表二　　　　　　表1-93

品名(形状)	规格		螺栓		螺母		混凝土抗拉强度 F_c			备注
	型号	长度(mm)	拉力(kN)	剪力(kN)	拉力(kN)	剪力(kN)	12(N/mm²)	30(N/mm²)	60(N/mm²)	
P型螺母	M6	30	4.72	2.71	26.46	15.20	2.65	4.19	5.82	
	M8	30	8.60	4.94	22.58	12.97	2.65	4.19	5.92	
	M10	20	13.63	7.83	17.55	10.08	1.32	2.08	2.95	
		30					2.65	4.19	5.92	
	M12	40	19.81	11.38	30.43	17.48	4.41	6.98	9.87	
		80					15.54	24.57	34.75	
	M10	35	36.89	21.19	50.80	29.18	3.89	6.16	8.71	
		50					7.21	11.40	16.12	
		70					14.77	23.36	33.04	
	M20	100	57.57	33.07	108.52	62.34	25.95	41.03	58.03	
PT型螺母	M6	45	4.72	2.71	26.46	15.20	5.41	8.55	12.10	考虑用SS400螺栓
	M8	45	8.60	4.94	22.58	12.97	5.41	8.55	12.10	
	M10	45	13.63	7.83	17.55	10.08	5.41	8.55	12.10	
	M12	64	19.81	11.38	30.43	17.48	10.30	16.29	23.04	
	M16	75	36.89	21.19	50.80	29.18	14.77	23.35	33.04	
		95					22.68	35.84	60.69	
PK型螺母	W3/8	35	11.53	6.62	19.64	11.28	3.46	5.48	7.75	
	W1/2	55	20.53	11.79	29.70	17.06	7.82	12.36	17.49	
	W5/8	80	33.81	19.42	53.88	30.95	16.59	26.24	37.11	
	M12	55	19.81	11.38	30.43	17.48	7.82	12.36	17.49	
	M6	80	36.89	21.19	50.80	29.18	16.59	26.24	37.11	
PQ型螺母	M10	40	13.63	7.83	17.55	10.08	4.38	6.93	9.81	
	M12	40	19.81	11.38	30.43	17.48	4.41	6.98	9.87	
		50					6.58	10.41	14.72	
	M16	45	36.89	21.19	50.80	29.18	6.00	9.49	13.42	
		60					9.93	15.70	22.20	

品名 （形状）	规格		螺栓		螺母		混凝土抗拉强度 F_c			备注
	型号	长度 (mm)	拉力 (kN)	剪力 (kN)	拉力 (kN)	剪力 (kN)	12 (N/mm^2)	30 (N/mm^2)	60 (N/mm^2)	
FCI 型 螺母	M10	43	11.89	6.84	—	—	5.28	8.35	11.81	
	M21	60	17.28	9.94	—	—	9.58	15.15	21.43	
	M16	65	32.18	18.52	—	—	12.53	19.81	28.02	
		75					16.00	25.31	35.79	
		85					19.89	31.45	44.48	
	M20	100	50.22	28.91	—	—	27.57	43.59	61.65	
	M24	120	72.36	41.65	—	—	39.38	62.26	88.05	
P-SUS 型 螺母	M6	30	4.12	2.37	19.70	11.37	2.57	4.07	5.75	考虑用 SUS304 螺栓
	M8	30	7.50	4.31	16.81	9.70	2.57	4.07	5.75	
	M10	30	11.89	6.84	13.07	7.54	2.57	4.07	5.75	
		50					6.41	10.14	14.35	
	M12	40	17.29	9.94	22.66	13.07	4.31	6.83	9.65	
		50					6.46	10.22	14.74	
		0					15.36	24.29	34.35	
	M16	50	32.18	18.52	39.04	22.53	6.59	10.42	14.74	
		75					13.90	21.98	31.09	
		100					23.77	37.41	53.16	
	M20	100	50.22	28.91	75.99	43.74	23.66	37.41	52.91	

常用内埋式吊钉技术性能表　　　　　表 1-94

承载 能力 (t)	D	D_1	D_2	R	吊钉顶面凹 入混凝土梁 深度 S(mm)	吊钉到构件 边最小距离 d_e(mm)	构件最 小厚度 (mm)	最小锚 固长度 (mm)	混凝土抗压强度达 到15MPa时,吊钉 最大承受荷载(kN)
在起吊角度位于 0°～45°时,用于梁与墙板构件的吊钉承载能力举例									
1.3	10	19	25	30	10	250	100	120	13
2.5	14	26	35	37	11	350	120	170	25
4.0	18	36	45	47	15	675	160	210	40
5.0	20	36	50	47	15	765	180	240	50
7.5	24	47	60	59	15	946	240	300	75
10	28	47	70	59	15	1100	260	340	100
15	34	70	80	80	15	1250	280	400	150
20	39	70	98	80	15	1550	280	500	200
32	50	88	135	107	23	2150			

1.4 其他材料

1.4.1 保温材料

预制夹心保温墙板宜采用挤塑聚苯板或聚氨酯保温板作为保温材料，保温材料除应符合设计要求外，尚应符合现行国家、行业和地方标准要求。

聚苯板主要性能指标应符合表 1-95 的规定，其他性能指标应符合现行国家标准《绝热用模塑聚苯乙烯泡沫塑料》GB/T 10801.1 和《绝热用挤塑聚苯乙烯泡沫塑料（XPS）》GB/T 10801.2 的有关规定。

聚苯板性能指标要求   表 1-95

项目	单位	性能指标		实验方法
		EPS 板	XPS 板	
表观密度	kg/m³	20～30	30～35	GB/T 6343
导热系数	W/(m·K)	≤0.041	≤0.03	GB/T 10294
压缩强度	MPa	≥0.10	≥0.20	GB/T 8813
燃烧性能	—	不低于 B₂ 级		GB 8624
尺寸稳定性	%	≤3	≤2.0	GB/T 8811
吸水率(体积分数)	%	≤4	≤1.5	GB/T 8810

聚氨酯保温板主要性能指标应符合表 1-96 的规定，其他性能指标应符合现行行业标准《聚氨酯硬泡复合保温板》JG/T 314 的有关规定。

聚氨酯保温板性能指标要求   表 1-96

项目	单位	性能指标	实验方法
表观密度	kg/m³	≥32	GB/T 6343
导热系数	W/(m·K)	≤0.024	GB/T 10294
压缩强度	MPa	≥0.15	GB/T 8813
拉伸强度	MPa	≥0.15	GB/T 9641
燃烧性能	—	不低于 B₂ 级	GB 8624
尺寸稳定性	%	80℃,48h≤1.0	GB/T 8811
		−30℃,48h≤1.0	—
吸水率(体积分数)	%	≤3	GB/T 8810

1.4.2 隔离剂

混凝土隔离剂是指在混凝土浇筑前涂刷在施工用模板上的一种物质，以使浇筑后模板不致粘在混凝土表面上、不易拆模，或影响混凝土表面的光洁度。其主要作用为在模板与混凝土表面形成一层膜将两者隔离开。隔离剂的质量要求见表 1-97。

隔离剂的质量要求   **表 1-97**

项次	项目	具体要求
1	基本要求	隔离剂应无毒、无刺激性气味,不应对混凝土表面及混凝土性能产生有害影响
2	匀质性	隔离剂的匀质性指标应符合表 1-98 的规定
3	施工性能	隔离剂的施工性指标应符合表 1-99 的规定

隔离剂匀质性指标   **表 1-98**

检验项目		指标
匀质性	密度	液体产品应在生产厂控制值的±0.02g/mL 以内
	黏度	液体产品应在生产厂控制值的±2s 以内
	pH 值	产品应在生产厂控制值的±1 以内
	固体含量	1.液体产品应在生产厂控制值的相对量的 6%以内; 2.固体产品应在生产厂控制值的相对量的 10%以内
	稳定性	产品稀释至使用浓度的稀释液无分层离析,能保持均匀状态

隔离剂施工性能指标   **表 1-99**

检验项目		指标
施工性能	干燥成膜时间	10~50min
	脱模性能	能顺利脱模,保持棱角完整无损,表面光滑;混凝土黏附量不大于 5g/m²
	耐水性能	按试验规定水中浸泡后不出现溶解、黏手现象
	对钢模具锈蚀作用	对钢模具无锈蚀危害
	极限使用温度	能顺利脱模,保持棱角完整无损,表面光滑;混凝土黏附量不大于 5g/m²

注:隔离剂在室内使用时,耐水性可不检。

1.4.3 外装饰材料

外墙饰面宜采用耐久、环保、不易污染的材料,其质量应符合相关标准和设计要求,常用的外装饰材料的质量要求见表 1-100。

外装饰材料的质量要求   **表 1-100**

项次	种类	具体要求
1	花岗岩	质量应符合现行国家标准《天然花岗岩建筑板材》GB/T 18601 的有关规定
2	大理石	质量应符合现行国家标准《天然大理石建筑板材》GB/T 19766 的有关规定
3	陶瓷板	质量应符合现行国家标准《陶瓷板》GB/T 23266 的有关规定
4	砂壁状建筑涂料、真石漆	质量应符合现行行业标准《合成树脂乳液砂壁状建筑涂料》JG/T 24 的有关规定
5	饰面砂浆	质量应符合现行行业标准《墙体饰面砂浆》JC/T 1024 的有关规定

续表

项次	种类	具体要求
6	陶板	质量应符合现行行业标准《建筑幕墙用陶板》JG/T 324 的有关规定
7	清水混凝土	质量应符合现行行业标准《清水混凝土应用技术规程》JGJ 169 的有关规定

1.5 材料的质量管控

1.5.1 一般规定

（1）预制构件生产企业应明确原材料进货检验的取样、检验、记录、报告、入库、资料归档等作业程序和作业要求。

（2）所有原材料进厂需先检验材料的产品合格证、出厂检验报告、使用说明书等文件，查验生产日期是否在质保期内，资料齐全后，再进行目测检验原材料的外观质量及包装质量，以上项目均检验合格后，再复验数量，取样送检。

（3）原材料的检验与试验均需按要求进行检验，做好检验记录，开具检验报告，检验合格后才允许使用。

（4）各类原材料、产品堆放标识及检验状态标识清晰，避免造成不同品种、规格的材料混堆。

1.5.2 材料检验和验收

1. 钢材的检验和验收

预制构件采用的钢筋和钢材应符合设计要求，并应按表 1-101 要求进行检验和验收。

钢材的检验和验收要求　　　　　表 1-101

材料名称	进厂验收组批规则	进厂质量验收内容	标准及要求
钢筋	由同一牌号、同一炉罐号、同一尺寸且不超过 60t 的钢筋组成一个检验批，超过 60t，每增加 40t（或不足 40t 的余数），增加一个拉伸试样和一个弯曲试样；允许由同一牌号、同一冶炼方法、同一浇筑方法的不同炉罐号组成混合批，各罐号含碳量之差不大于 0.02%，含锰量之差不大于 0.15%，混合批重量不大于 60t	1. 资料及质量证明文件的验收。 2. 表面质量验收。 3. 尺寸偏差验收。 4. 重量偏差验收。 5. 力学性能验收	应符合现行国家标准《钢筋混凝土用钢 第 1 部分：热轧光圆钢筋》GB/T 1499.1 和《钢筋混凝土用钢 第 2 部分：热轧带肋钢筋》GB/T 1499.2 的规定。预应力钢筋应符合现行国家标准《预应力混凝土用螺纹钢筋》GB/T 20065、《预应力混凝土用钢丝》GB/T 5223 和《预应力混凝土用钢绞线》GB/T 5224 的规定

材料名称	进厂验收组批规则		进厂质量验收内容	标准及要求
灌浆套筒	外观标记、外形尺寸检验：以连续生产的同原材料、同类型、同型式、同规格、同批号的1000个或少于1000个套筒为1个验收批，随机抽取10%进行检验。抗拉强度检验：以同原材料、同类型、同规格的灌浆套筒为1个验收批		1.验收质量证明书、型式检验报告等资料应与灌浆套筒一致且在有效期内。2.灌浆套筒外观、标识、尺寸偏差的检查。3.灌浆套筒进厂时，每一检验批应抽取3个灌浆套筒并采用与之匹配的灌浆料制作对中连接接头试件，套筒灌浆连接接头应符合JGJ 107的规定。同时进行抗拉强度试验，接头的抗拉强度不应小于连接钢筋的抗拉强度标准值，且破坏时应断于接头外钢筋	应符合现行国家行业标准《钢筋连接用灌浆套筒》JG/T 398、《钢筋机械连接技术规程》JGJ 107的相关要求
机械套筒	外观、标记和尺寸检验：以连续生产的同原材料、同类型、同规格、同批号的1000个或少于1000个套筒为一个验收批，随机抽取10%个进行检验。抗拉强度检验：以连续生产的同原材料、同类型、同规格、同批号为一个验收批，每批随机抽取3个套筒进行抗拉强度检验		1.验收质量证明书、型式检验报告等资料应与机械套筒一致且在有效期内。2.每一检验批中随机抽取10%数量的机械套筒进行外观、标识、尺寸偏差的验收。3.机械套筒进厂时，每一检验批应抽取3个机械套筒并采用现场使用的钢筋制作单向拉伸接头试件并进行抗拉强度检验，接头的抗拉强度不应小于连接钢筋的抗拉强度标准值的1.1倍	应符合现行国家行业标准《钢筋机械连接用套筒》JG/T 163的规定
金属波纹管	由同一钢带生产厂生产的同一批钢带所制造金属波纹管组成，每半年或累计50000m生产量为一个验收批，取产量最多的规格		1.验收质量证明书、型式检验报告等资料应与金属波纹管一致且在有效期内。2.金属波纹管进厂时，外观应逐根全数验收，尺寸应按组批规则的要求从每一检验批中随机抽取3根进行验收	应符合《预应力混凝土用金属波纹管》JG/T 225的规定
预埋件	预埋钢板（钢板预埋件）	宜由同一厂家、同一材质、同一规格、同一品种的不超过1000个（套）预埋件组成一个验收批。用于结构受力的预埋件逐个验收，其余预埋件外观质量1%频率进行验收，其他项目每个检验批随机抽取3个进行检验，所有检验结果应合格	1.验收合格证、质量证明书及有关试验报告等资料应与材料实物一致且在有效期内。2.预埋钢板外观、尺寸检查（钢板与锚固钢筋的焊接点应饱满、无夹渣、虚焊；预埋件表面镀层应光洁、厚度均匀、无漏余、涂层工艺应符合要求；预埋件应无变形，各部位尺寸应满足相关规范或产品质量的要求；锚固钢筋的规格、弯折长度、弯曲角度应满足要求；钢板上预留的孔或螺孔位置偏差应在允许偏差范围内，螺纹应能满足使用要求）	受力预埋件的锚板及锚筋材料应符合现行国家标准《混凝土结构设计规范》GB 50010的有关规定。专用预埋件及连接材料应符合国家现行有关标准的规定

材料名称	进厂验收组批规则	进厂质量验收内容	标准及要求
预埋件			
预埋螺栓螺母	宜由同一厂家、同一材质、同一规格、同一品种的不超过1000个(套)预埋件组成一个验收批。用于结构受力的预埋件逐个验收,其余预埋件外观质量1%频率进行验收,其他项目每个检验批随机抽取3个进行检验,所有检验结果应合格	1.验收合格证、质量证明书及有关试验报告等资料应与材料实物一致且在有效期内。 2.预埋螺栓、螺母外观、尺寸应符合设计要求。 3.预埋螺栓、螺母的丝牙应符合相关要求,螺纹有效长度或螺孔深度应符合相关要求。 4.表面镀层应光洁,厚度均匀,无漏涂,镀层工艺应符合要求。 5.底部带孔的,孔径应符合要求,无变形	受力预埋件的锚板及锚筋材料应符合现行国家标准《混凝土结构设计规范》GB 50010的有关规定。专用预埋件及连接材料应符合国家现行有关标准的规定
预埋吊点(钢筋螺母埋件、吊钉、钢丝绳等)		1.验收合格证、质量证明书及有关试验报告等资料应与材料实物一致且在有效期内。 2.预埋吊点、吊钉或钢丝绳吊扣应提供力学性能试验报告,试验结果应合格。 3.预埋吊点应提供外观尺寸、螺纹长(深)度等相关性能检测报告,试验结果应合格。 4.预埋吊点外观、尺寸检查(预埋吊点的丝牙应符合相关要求,螺纹有效长度或螺孔深度应符合相关要求;预埋吊钉的长度、挂扣点形状、锚固端形状等应符合要求;钢丝绳的质量应符合相关要求,长度满足设计要求,无断丝,无锈迹,无油污;表面镀层应光洁,厚度均匀,无漏涂,镀层工艺应符合要求;底部带孔的,孔径应符合要求,无变形)	

2.混凝土材料检验和验收

预制构件采用的混凝土材料应符合设计要求,并应按表1-102要求进行检验和验收。

混凝土材料的检验和验收要求   表 1-102

材料名称	验收组批规则	质量验收内容	标准及要求
水泥	同一厂家、同一品种、同一代号、同一强度等级、同一批号且连续进场的水泥,袋装水泥不超过200t为一批,散装水泥不超过500t为一检验批,每批抽样数量不应少于一次	水泥宜采用不低于强度等级42.5的硅酸盐、普通硅酸盐水泥。 水泥进厂时应检查产品合格证、出厂检验报告,核查化学指标、物理指标(水泥的胶砂强度3d、28d、安定性、凝结时间、细度等项目)当另有要求时,按要求检验其他指标	应符合现行国家标准《通用硅酸盐水泥》GB 175 的规定

材料名称	验收组批规则	质量验收内容	标准及要求
砂	采用大型工具(如火车、货船或汽车)运输的,应以 400m³ 或 600t 为一验收批;采用小型工具(如拖拉机等)运输的,应以 200m³ 或 300t 为一验收批;当砂或石的质量比较稳定、进料量又较大时,可以 1000t 为一验收批	砂子宜选用细度模数为 2.3～3.0 的中粗砂。 进厂时应进行砂的筛分析试验、细度模数、含泥量、泥块含量、氯化物含量、表观密度、松散堆积密度、空隙率等项目。当另有要求时,将按要求检验其他指标	应符合现行国家标准《普通混凝土用砂、石质量及检验方法标准》JGJ 52 的规定
石	同砂要求	宜选用粒形和级配良好的石子。检验石子的筛分析试验、含泥量、泥块含量、针、片状含量、压碎指标、表观密度、松散堆积密度、空隙率、吸水率等项目。当另有要求时,将按要求检验其他指标	应符合现行国家标准《普通混凝土用砂、石质量及检验方法标准》JGJ 52 的规定
水	地表水每 6 个月检验一次; 地下水每年检验一次; 再生水每 3 个月检验一次; 在质量稳定一年后,可每 6 个月检验一次; 在发现水受到污染和对混凝土性能有影响,应立即检验	符合现行国家标准《生活饮用水卫生标准》GB 5749 要求的饮用水,可不经检验作为混凝土用水。 符合《混凝土用水标准》JGJ 63 中 3.1 节要求的水,可作为混凝土用水,符合 3.2 节要求的水,可作为混凝土养护用水。 当水泥凝结时间和水泥胶砂强度的检验不满足要求时,应重新加倍抽样复检一次	应符合《混凝土用水标准》JGJ 63 的要求
外加剂	对进场的同厂家、同品种的减水剂,掺量大于 1%(含 1%)的产品不超过 100t 为一验收批,掺量小于 1%的产品不超过 50t 为一验收批,不足 100t 或 50t 的也应按一个验收批计,同一批号的产品必须混合均匀	进厂时应检查产品合格证、出厂检验报告,查验各项指标是否符合相关要求。 按规定的检验方法复验减水剂的固体含量、细度、pH 值、密度、水泥净浆流动度、砂浆减水率、混凝土适应性试验等项目,检查技术指标是否符合相关规定的要求,当另有要求时,将按要求检验其他指标	应符合《混凝土外加剂》GB 8076、《混凝土外加剂应用技术规范》GB 50119、《聚羧酸系高性能减水剂》JG/T 223 等和环境保护的规定。 当使用含氯化物的外加剂时,混凝土中氯化物的总含量应符合现行国家标准《混凝土质量控制标准》GB 50164 的规定;严禁将含有氯化物的外加剂用于预应力混凝土预制构件的生产

材料名称	验收组批规则	质量验收内容	标准及要求
掺合料	同一厂家、同一品种、同一代号、同一技术指标的掺合料，粉煤灰和粒化高炉矿渣粉不超过200t为一检验批，硅灰不超过30t为一检验批，每批抽样数量不应少于一次	掺合料进厂时应检查产品合格证、出厂检验报告等。核查各项技术指标：细度（比表面积）、需水量比（流动度比）和烧失量（活性指数）等	应符合《用于水泥和混凝土中的粉煤灰》GB/T 1596、《用于水泥、砂浆和混凝土中的粒化高炉矿渣粉》GB/T 18046、《砂浆和混凝土用硅灰》GB/T 27690规定的要求，当另有要求时，按要求检验其他指标
混凝土	1.混凝土抗压强度检验试件应在浇筑地点随机抽取，取样频率和数量应符合下列规定： (1)每100盘且不超过100m³的同一配合比混凝土，每一工作班拌制的同一配合比的混凝土不足100盘时其取样次数不应少于一次； (2)每批次强度检验试件不少于3组，随机抽取1组进行同条件转标准养护后进行强度检验，其余可作为同条件试件在预制构件脱模和出厂时控制其混凝土强度；还可根据预制构件吊装、张拉、放张等要求，留置足够数量的同条件养护块进行强度检验。 2.混凝土有耐久性指标要求时，应在施工现场随机抽取试件，同一配合比的混凝土，取样不应少于一次，留置试件数量应符合国家现行标准GB/T 50082相关要求	混凝土的抗压强度检测。（标准养护抗压强度检验、同条件养护抗压强度检测）。涉及混凝土耐久性的指标有：抗冻等级、抗冻等级、抗渗等级、抗硫酸盐等级、抗氯离子渗透性能等级、抗碳化性能等级以及早期抗裂性能等级等	应符合《装配式混凝土建筑技术标准》GB/T 51231、《混凝土结构工程施工质量验收规范》GB 50204、《混凝土强度检验评定标准》GB/T 50107相关要求。混凝土耐久性应符合国家现行标准《普通混凝土长期性能和耐久性能试验方法标准》GB/T 50082和《混凝土耐久性检验评定标准》JGJ/T 193的规定要求，当另有要求时，按要求检验其他指标

3. 连接、保温材料检验和验收

预制构件采用的连接、保温材料应符合设计要求，并应按表1-103要求进行检验和验收。

连接、保温材料的检验和验收要求 　　　　　　　　　　表1-103

材料名称	进厂验收组批规则	进厂质量验收内容	标准及要求
水泥基灌浆料	在15d内生产的同配方、同批号原材料的产品应以50t作为一生产批号，不足50t也应作为一生产批号	验收产品合格证、使用说明书和产品质量检测报告。需检验泌水率、流动度、竖向膨胀率、抗压强度、氯离子含量等参数，检验结果应合格	《水泥基灌浆材料应用技术规范》GB/T 50448、《钢筋连接用套筒灌浆料》JG/T 408、《钢筋套筒灌浆连接应用技术规程》JGJ 355等现行国家、行业相关标准的规定

材料名称	进厂验收组批规则	进厂质量验收内容	标准及要求
保温板拉结件	应以连续生产的同原材料、同类型、同截面尺寸的50000个连接件为一个验收批,当一次性生产不足50000个时,以此生产的全部数量为一个验收批	验收质量证明书、型式检验报告等资料应与材料实物一致且在有效期内。 保温板拉结件外观、尺寸验收宜根据保温板拉结件的质量证明文件和有关的标准进行验收并合格。 拉结件须具有专门资质的第三方厂进行相关材料力学性能的检验,包括拉伸强度、拉伸弹性模量、弯曲强度、弯曲弹性模量、剪切强度、导热系数(非金属连接件),检验结果应合格	应符合设计要求,《预制保温墙体用纤维增强塑料连接件》JG/T 561标准要求
保温材料	聚苯板:同一材料、同一工艺、同一规格每500m³ 为一批,不足500m³ 时也为一批	验收合格证、检验报告等质量证明资料应与材料实物一致且在有效期内。 需检验导热系数、密度、压缩强度、吸水率、燃烧性能等参数,检验结果应合格	应符合设计要求及国家现行相关标准要求

1.5.3 常用材料试验取样及试验方法

预制构件企业试验室应能根据生产需要进行以下项目的检验:砂、石物理力学性能试验、水泥性能试验、混凝土的物理力学性能试验、钢材力学性能试验、混凝土外加剂、掺合料的有关试验、混凝土预制构件结构试验等。相关取样和常规试验见表1-104。

常用材料试验取样及试验方法一览表 　　　　表1-104

材料名称	取样方法	常规试验项目	试验方法	检测标准
水泥	按《水泥取样方法》GB/T 12573抽样和封样备检	胶砂强度、胶砂流动度、标准稠度、凝结时间、安定性	1.水泥细度检验按照GB/T 1345进行,采用负压筛析法、水筛法、手工筛析法。采用负压筛析法、水筛法、手工筛析法测定的结果发生争议时,以负压筛析法为准。 2.水泥标准稠度用水量、凝结时间、安定性检验按照GB/T 1346进行。 3.水泥的强度检验按照GB/T 17671进行。 4.水泥的比表面积检验按照GB/T 8074进行	《通用硅酸盐水泥》GB 175; 《水泥标准稠度用水量、凝结时间、安定性检验方法》GB/T 1346; 《水泥胶砂强度检验方法(ISO)法》GB/T 17671; 《水泥细度检验方法 筛析法》GB/T 1345; 《水泥比表面积测定方法(勃氏法)》GB/T 8074

材料名称	取样方法	常规试验项目	试验方法	检测标准
砂	在料堆上取样时,取样部位应分布均匀。取样前先将取样部位表层铲除,然后各部位抽取大致相等的 8 份,组成一组试样。可用同一组试样进行几项不同试验,然后用分料器或人工四分法进行缩分	细度、含泥量、泥块含量、表观密度、含水量、堆积密度、吸水率等	砂的检测试验有砂筛分析试验、砂的表观密度试验(标准方法)、砂的表观密度试验(简易法)、砂的吸水率试验、砂的堆积密度和紧密密度试验、砂的含水率(标准法、快速法)、砂的含泥量试验(标准法、虹吸管法)、砂的泥块含量试验、砂中氯离子含量试验、砂中石粉含量试验(亚甲蓝法)等	《普通混凝土用砂、石质量及检验方法标准》JGJ 52
石	在料堆上取样时,取样部位应均匀分布,取样前先将取样部位表面铲除,然后由各部位抽取大致相等的试样 15 份(在料堆的顶部、中部、底部各由均匀分布的 15 个不同部位取得)组成一组试样	颗粒级配、含泥量、泥块含量、针片状、压碎值指标、吸水率、表观密度、抗压强度、含水量	筛分析试验、堆积密度和紧密密度试验、砂的含水率、含泥量试验、泥块含量试验、针状和片状颗粒的总含量试验、坚固性试验、压碎值试验等	《普通混凝土用砂、石质量及检验方法标准》JGJ 52
混凝土	1. 同一组混凝土拌合物的取样应从同一盘混凝土或同一车混凝土中取样。取样量应多于试验所需量的 1.5 倍,且宜不小于 20L。2. 混凝土拌合物的取样应具有代表性,宜采用多次采样的方法	抗压强度、抗折强度、抗渗	试验方法按照《混凝土物理力学性能试验方法标准》GB/T 50081 要求	《普通混凝土拌合物性能试验方法标准》GB/T 50080、《混凝土物理力学性能试验方法标准》GB/T 50081
钢筋	取样数量 5 根,(5 根重量偏差,其中 2 根拉伸,2 根冷弯性能)	屈服点、屈服强度、抗拉强度、延伸率、冷弯及反复弯曲	拉伸试验参照《金属材料拉伸试验 第 1 部分:室温试验方法》GB/T 228.1。冷弯试验参照《金属材料弯曲试验方法》GB/T 232	《金属材料 拉伸试验 第 1 部分:室温试验方法》GB/T 228.1、《金属材料 弯曲试验方法》GB/T 232

材料名称	取样方法	常规试验项目	试验方法	检测标准
掺合料	散装矿物掺合料:应从每批连续购进的任意3个罐体各取等量试样一份,每份不少于5.0kg,混合搅拌均匀,用四分法缩取比试验需要量大一倍的试样量。袋装矿物掺合料:应从每批中任取10袋,从每袋中各取等量试样一份,每份不少于1.0kg,按上款规定的方法缩取试样	烧失量、细度、需水量比	烧失量试验方法参照《水泥化学分析方法》GB/T 176。细度试验方法参照《水泥细度检验方法筛析法》GB/T 1345。需水量比试验方法参照《用于水泥和混凝土中的粉煤灰》GB/T 1596、《高强高性能混凝土用矿物外加剂》GB/T 18736	《矿物掺合料应用技术规范》GB/T 51003、《水泥细度检验方法筛析法》GB/T 1345、《用于水泥和混凝土中的粉煤灰》GB/T 1596、《高强高性能混凝土用矿物外加剂》GB/T 18736
混凝土外加剂	一编号取样量不少于0.2t水泥所需的外加剂量	凝结时间、密度或细度、水泥净浆流动度、抗压强度比、pH值、减水率、泌水率、含气量、碱含量等	试验方法参照《混凝土外加剂》GB 8076 要求	《混凝土外加剂》GB 8076
混凝土坍落度检测	按《普通混凝土拌合物性能试验方法标准》GB/T 50080 要求取样	和易性、黏聚性、保水性	试验方法《普通混凝土拌合物性能试验方法标准》GB/T 50080 要求	《普通混凝土拌合物性能试验方法标准》GB/T 50080
预制构件结构试验	同一类型预制构件不超过1000个为一批,每批随机抽取1个构件结构性能检验	承载力测定、挠度测定、裂缝观测	梁板类简支受弯构件进场时应进行结构性能检验;对其他预制构件,除设计有专门要求外,进场时可不做结构性能检验。试验方法按GB 50204要求	《混凝土结构工程施工质量验收规范》GB 50204

1.6 本章小结

本章第1.1~1.4节详细介绍了预制构件生产过程中涉及的原材料(混凝土材料、钢材、钢筋等)、预埋件(如灌浆套筒、金属波纹管、保温拉结件、吊环及钢筋锚固板等)、保温材料、隔离剂和外装饰材料等的性能及质量要求,第1.5节介绍了各类原材料检验、验收控制标准和要求及常规材料试验取样方法及检验方法等。收集整理了我国现行相关技术标准对预制构件材料的具体规定或要求,以供在预制构件生产环节严格控制材料质量,确保构件产品品质。

第二章　生产准备

预制构件生产前，预制构件生产企业相关部门需做好生产前准备，相关准备工作包括：预制混凝土构件工艺详图准备、生产计划编制与工艺技术交底、预制构件模具、材料准备等。

2.1　预制混凝土构件工艺详图

2.1.1　工艺详图概述

1. 工艺详图的概念

预制混凝土构件工艺详图，又称构件深化图或构件加工图，是在构件生产加工过程中，用图样的方式确切表达构件的几何形状、规格尺寸、构造形式和技术要求等的技术文件。

工艺详图是装配式建筑的设计基础上进行的二次设计，预制构件生产工厂依据图纸对装配式建筑进行解读和理解，并根据详图开展原材料采购、工艺设计、成本核算等工作。

工艺详图主要通过模板图和配筋图来表达生产所需相关信息。

2. 预制构件工艺详图内容

预制构件工艺详图样式如图 2-1 所示。

3. 模板图

模板图主要包括：构件主视图、左右视图、顶视图（俯视图）、底视图（仰视图）、关键部位剖视图、背立面图、轴测图（三维视图）、构造措施、预埋件定位、预制构件信息表、预埋件明细表、构件注释说明。通过模板图确定构件的样式、做法，确定构件模具的做法。

模板图内容见表 2-1。

4. 配筋图

配筋图主要包括：构件配筋布置图、关键部位配筋剖视图、钢筋信息表、复杂钢筋构造详图。通过配筋图确定钢筋下料，钢筋样式及钢筋骨架的绑扎。

配筋图内容见表 2-2。

2.1.2　各类构件工艺详图识图示例

1. 预制剪力墙工艺图

预制剪力墙工艺示例图如图 2-2 所示，识图表达内容见表 2-3。

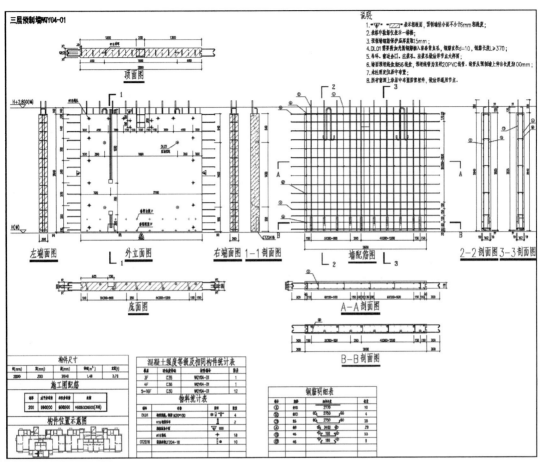

图 2-1 预制构件工艺详图样式图

预制构件模板图表达内容

表 2-1

项次	名称	内容
1	主视图	一般采用信息最多的面或者采用预制收光面。图面表达构件尺寸、预埋件信息等
2	左右视图	表达构件两侧可见构造、键槽、预埋件、粗糙面等
3	俯视图底视图	表达构件上下侧可见构造、键槽、预埋件、粗糙面等
4	剖面图	一般剖切到构件较复杂处,如有窗墙体的窗洞处。表达从其他视图无法直接获取的构件造型信息
5	背立面图	如构件背面有需要表达的预埋件、线条造型等信息,则需增加背立面图
6	透视图	如构件造型比较复杂,则需增加透视图帮助理解构件样式
7	节点详图	细节部位需要增加构造措施详图
8	构件信息表	提供构件的尺寸、重量、数量等
9	预埋件明细表	预埋配件明细表提供构件所需预埋件规格、数量等

项次	名称	内容
10	注释说明	提供图面补充信息,对一些符号构造等提供说明
11	构件定位图	表达构件在整体建筑物中的位置,协助施工人员便捷找到构件安装区域

预制构件配筋图表达内容　　　　　　　　　　　　　　　表 2-2

项次	名称	内容
1	配筋图	从主视面看的钢筋布置方式,确定钢筋定位
2	配筋剖面图	从侧面来表达钢筋在纵方向的排布,尤其特殊样式钢筋的安装排布
3	配筋表	配筋表提供钢筋的规格、数量、样式
4	钢筋详图	在钢筋表中不易表达的钢筋样式则在图面合适位置放置钢筋大样

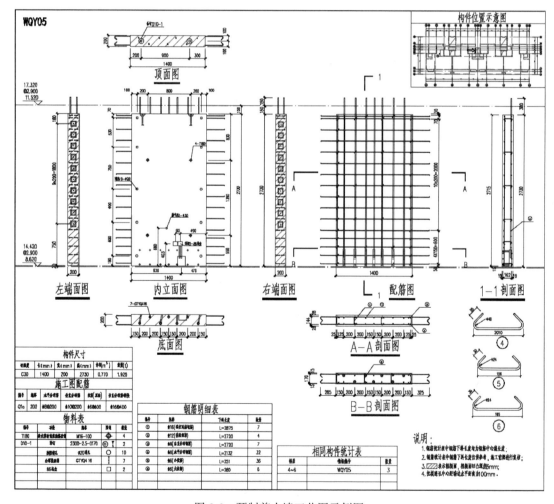

图 2-2　预制剪力墙工艺图示例图

预制剪力墙工艺图识图表达内容　　　　表 2-3

序号	内容	图示
1	预制剪力墙编号	WQY05
2	预制剪力墙尺寸	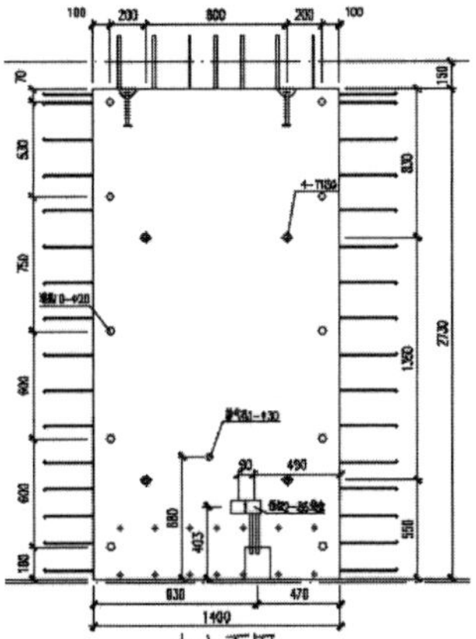
3	螺纹套筒、支撑点、注浆孔、出浆孔等预埋件的定位、数量	内立面图
4	吊点的定位、数量	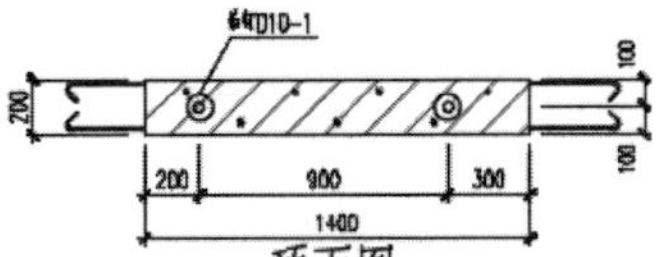 顶面图
5	粗糙面、剪力键槽定位	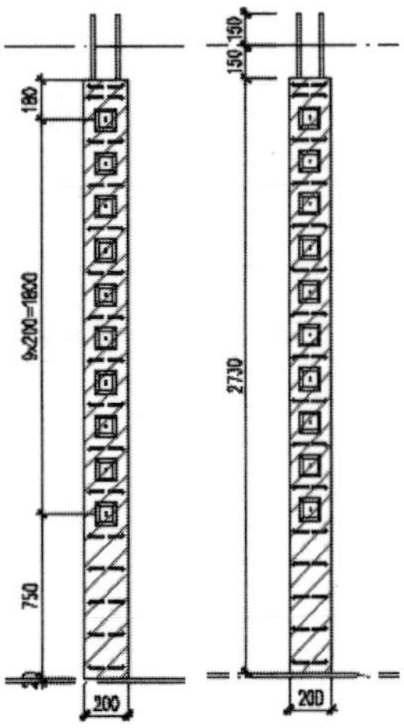 左端面图　右端面图
6	灌浆套筒定位、数量	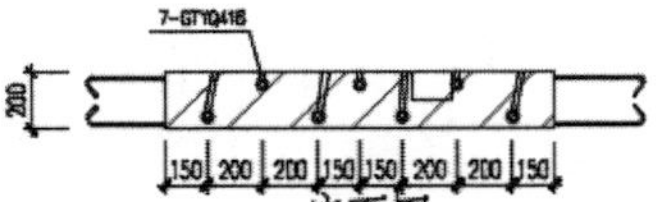 底面图

序号	内容	图示
7	钢筋定位,钢筋排布方式	 配筋图　　　1-1剖面图
8	竖向钢筋排布方式,钢筋与套筒的关系	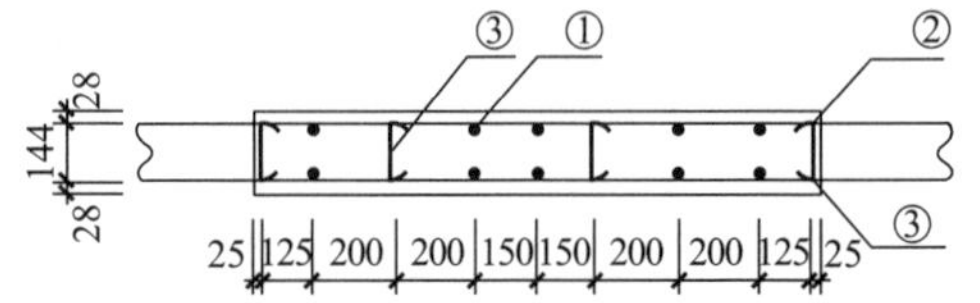 A-A剖面图 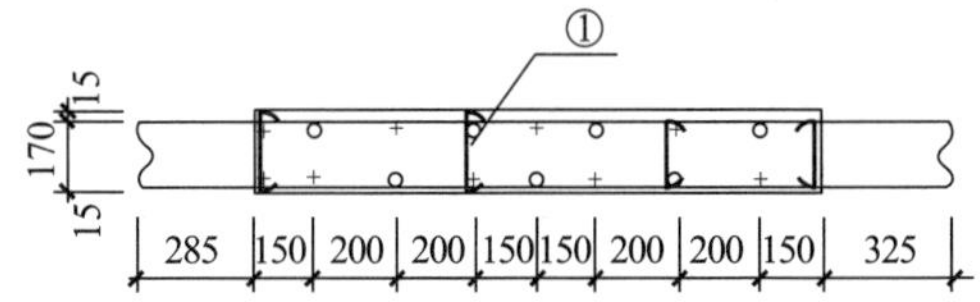 B-B剖面图
9	钢筋规格、数量、加工样式	钢筋明细表 <table><tr><th>编号</th><th>规格</th><th>下料长度</th><th>数量</th></tr><tr><td>①</td><td>Φ16(垂直连接钢筋)</td><td>L=2875</td><td>7</td></tr><tr><td>②</td><td>Φ12(补强钢筋)</td><td>L=2720</td><td>4</td></tr><tr><td>③</td><td>Φ8(垂直分布钢筋)</td><td>L=2720</td><td>7</td></tr><tr><td>④</td><td>Φ8(水平分布钢筋)</td><td>L=2132</td><td>32</td></tr><tr><td>⑤</td><td>Φ6(小拉筋)</td><td>L=251</td><td>38</td></tr><tr><td>⑥</td><td>Φ6(大拉筋)</td><td>L=280</td><td>6</td></tr></table>
10	预制剪力墙大小、重量、数量	构件尺寸 <table><tr><th>混凝土强度</th><th>长(mm)</th><th>宽(mm)</th><th>高(mm)</th><th>体积(m³)</th><th>重量(t)</th></tr><tr><td>C30</td><td>1400</td><td>200</td><td>2730</td><td>0.770</td><td>1.925</td></tr></table>相同构件统计表 <table><tr><th>楼层</th><th>楼板编号</th><th>数量</th></tr><tr><td>4~6</td><td>WQY05</td><td>3</td></tr></table>

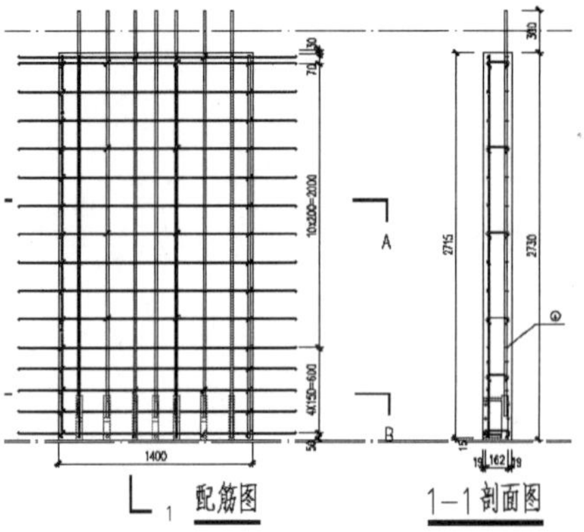

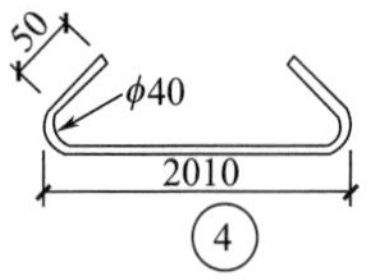

序号	内容	图示
11	预埋件规格、数量	<div>物料表</div><table><tr><td>编号</td><td>功能</td><td>规格</td><td>图例</td><td>数量</td></tr><tr><td>T180</td><td>斜支撑套筒表面螺纹套筒</td><td>M16-100</td><td>⊕</td><td>4</td></tr><tr><td>D10-1</td><td>吊钉</td><td>2300-2.5-0170</td><td>⊙ ⟁</td><td>2</td></tr><tr><td></td><td>拉模通孔</td><td>∅20通孔</td><td>○</td><td>10</td></tr><tr><td></td><td>全调浆套筒</td><td>GTYQ4 16</td><td>∥</td><td>7</td></tr><tr><td></td><td>86线盒</td><td></td><td>□</td><td>2</td></tr></table>
12	预制剪力墙在建筑平面中的位置与安装方向	构件位置示意图
13	预制剪力墙生产备注说明	说明： 1.钢筋统计表中钢筋下料长度均为钢筋中心线长度； 2.钢筋统计表中钢筋下料长度仅供参考，施工前须进行复核； 3. ▨ 表示粗糙面，粗糙面凹凸深度6mm； 4.拉模通孔中心距墙边水平距离为100mm。

2.预制柱工艺图

预制柱工艺示例图如图 2-3 所示，识图表达内容见表 2-4。

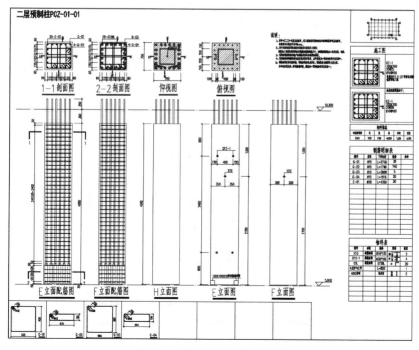

图 2-3　预制柱工艺图示例图

序号	内容	图示
1	预制柱编号	二层预制柱 PCZ-01-01
2	截面尺寸、高度	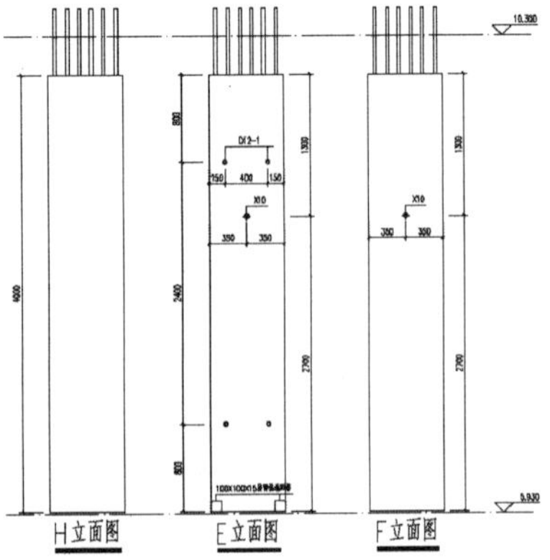
3	支撑点、吊点定位及数量	
4	灌浆套筒、螺纹套筒等预埋件的定位、数量	
5	粗糙面位置	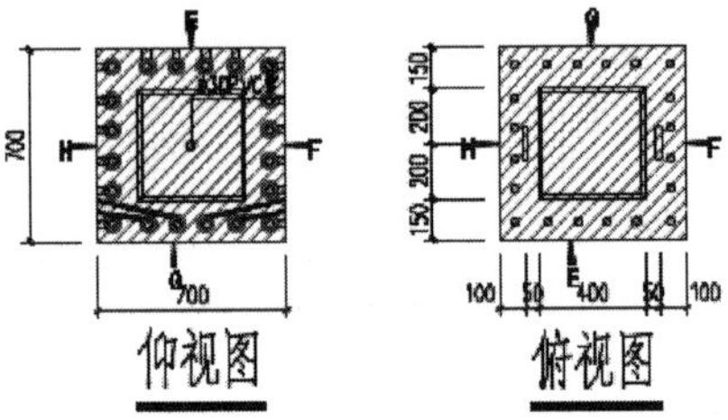
6	柱底构造、套筒位置	仰视图　　俯视图
7	钢筋定位、钢筋排布方式	1-1 剖面图　2-2 剖面图
8	钢筋加工样式	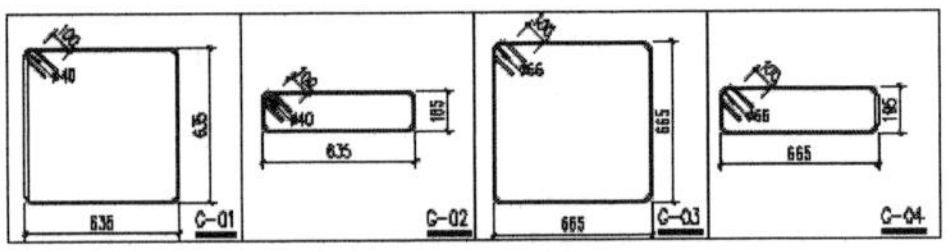
9	预制柱在建筑平面中的位置与安装方向	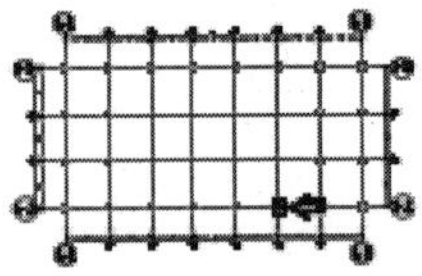
10	预制柱大小、重量,混凝土强度等级	构件信息

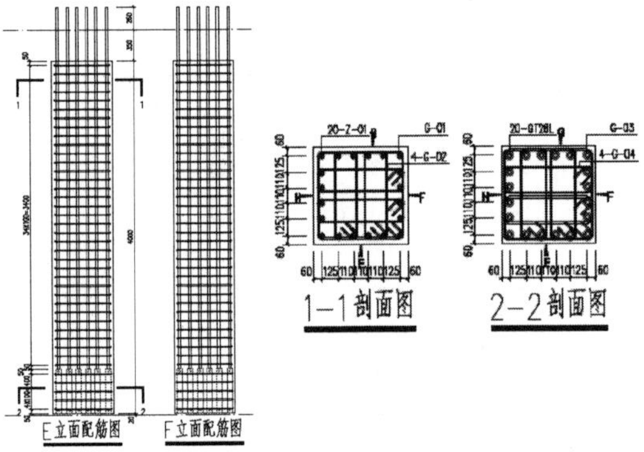

构件信息					
混凝土等级	长	宽	高	体积	重量
C40	700	700	4000	1.96	4.90

序号	内容	图示
11	钢筋规格、数量	见下方"钢筋明细表"
12	预埋件规格、数量	见下方"物料表"
13	预制柱生产说明，如粗糙面深度，套筒说明等	见下方"说明"

钢筋明细表

编号	规格	下料长度	数量	备注
G-D1	Φ10	$L=2736$	35	
G-D2	Φ10	$L=1796$	140	
G-D3	Φ10	$L=2856$	5	
G-D4	Φ10	$L=1916$	20	
Z-D1	Φ28	$L=4350$	20	

物料表

编号	功能	规格	图例	数量
X10	斜撑套筒	M16×100		2
D12-1	脱模套筒	M30×100		4
GTL	灌浆套筒	GT28L		20
φ30PVC管		$L=800$		1
φ20吊环		见详图		2

说明：
1、图中 ▨ 示意力粗糙面，本工程所有预制柱柱底和柱顶预制面均为粗糙面，粗糙面凹凸深度不小于6mm。
2、图中连接钢筋用的灌浆套筒按设计推荐尺寸编制；钢筋加工前应根据实际使用的灌浆套筒的规格尺寸，对连接钢筋的加工长度复核、调整。
3、预埋套筒应按所选产品的技术要求加设补强钢筋。
4、预制柱顶部钢筋伸出长度应满足设计要求，允许误差见图一预制剪力墙设计总说明。
5、灌浆套筒型号对应参数、预理套筒承载力要求，预制柱钢筋搭接尺寸及大样、吊环材质及大样、防雷接地凹槽，做法见图一预制构件设计总说明。

3. 预制叠合梁工艺图

预制叠合梁工艺示例图如图 2-4 所示，识图表达内容见表 2-5。

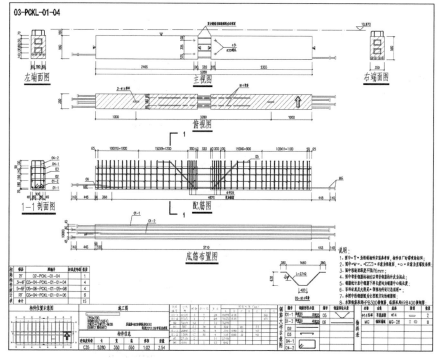

图 2-4 预制叠合梁工艺图示例图

序号	内容	图示
1	预制叠合梁编号	03-PCKL-01-04
2	预制叠合梁长度,梁缺口尺寸; 预埋件定位、数量	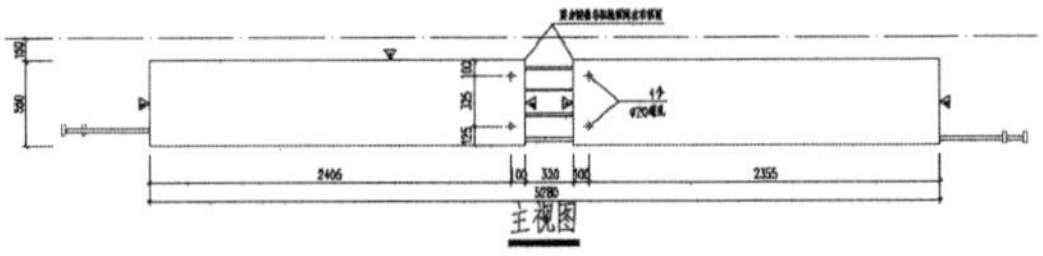 主视图
3	吊点的定位、数量; 粗糙面位置	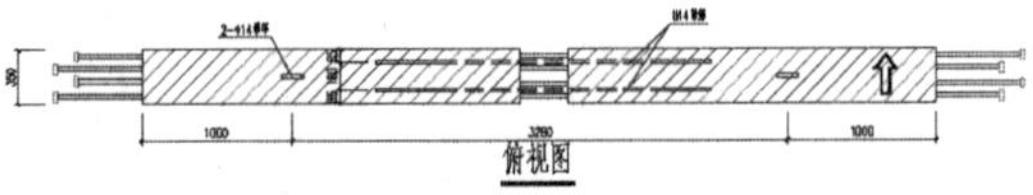 俯视图
4	截面尺寸; 剪力键定位、大小	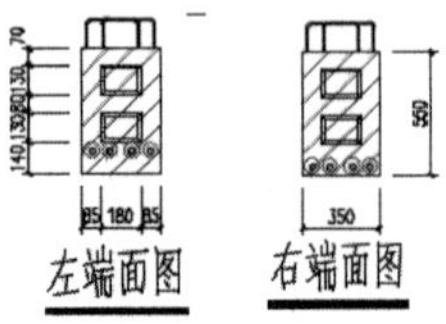 左端面图　　右端面图
5	箍筋定位与排布方式	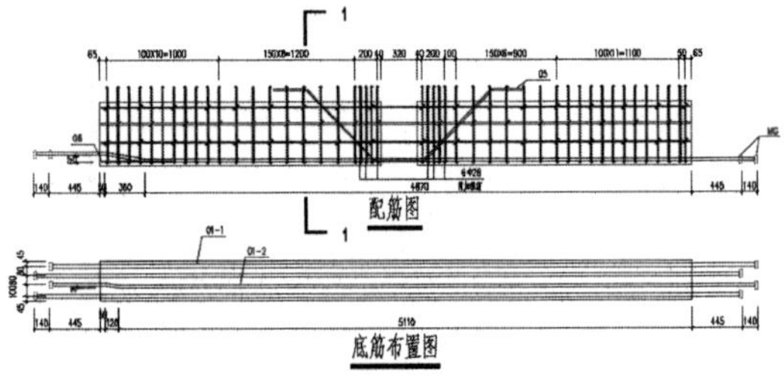 配筋图 底筋布置图
6	预制叠合梁剖面表示钢筋的布置与定位	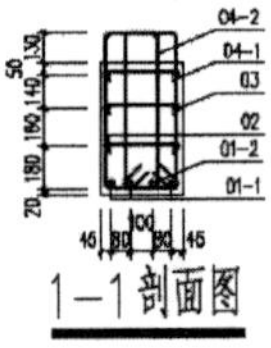 1—1剖面图
7	钢筋加工样式	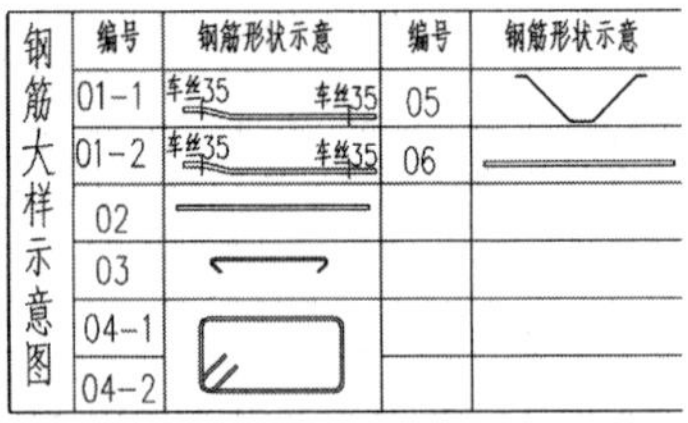 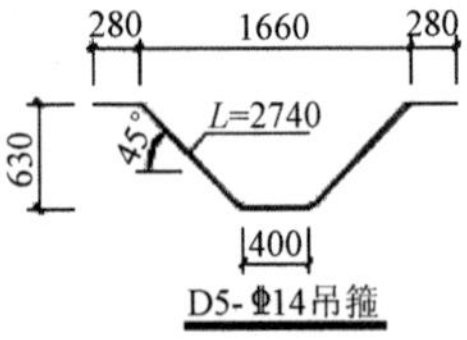

序号	内容	图示
8	预制叠合梁在建筑平面中的位置与安装方向	构件位置示意图
9	钢筋规格、数量	见钢筋统计表
10	预制叠合梁重量；混凝土标号	见构件信息表
11	预制叠合梁在本项目中的数量统计	见相同构件统计表
12	预制叠合梁生产备注说明	见说明

钢筋统计表

钢筋编号	总长度	根数	形状号	直径	相邻长度(mm)						
					A	B	C	D	E	F	G
01-1	6315	3	7	28	5675	635				60	
01-2	6315	1	7	28	5675	635				63	
02	5240	12	1	12	5240						
03	507	53	39	6	322		24	75			
04-1	2096	17	36	8	310	660	32		80		
04-2	1768	17	36	8	146	660	32		80		
05	2740	2		14	2740						
06	640	1	1	12	640						

构件信息

混凝土强度等级	长	宽	高	体积	重量
C35	5280	350	550	1.02	2.54

相同构件统计表

楼层	梁编号	混凝土强度等级	数量
2F	02-PCKL-01-04		1
3～4F	03～04-PCKL-01-01～04		4
5～6F	05～06-PCKL-01-05～08		4
RF	03～04-PCKL-01-01～06		6
合计			15

说明：

1.图中"⬆"为预制构件安装参考面，构件出厂时需喷涂标识；

2.图中"▽""▨"示意为粗糙面，"○"示意为直螺纹套筒；

3.图中粗糙面深度不低于6mm；

4.图中弯折钢筋的标注以弯折钢筋的外皮为起点；

5.钢筋统计表中钢筋下料长度均为钢筋中心线长度；

6.吊环材质及大样见"预制构件设计总说明"；

7.本图中的钢筋为主视图方向的钢筋图；

8.本梁箍筋采用HPB300级钢筋，纵筋采用HRB400级钢筋

4.叠合楼板工艺图

叠合楼板工艺示例图如图2-5所示，识图表达内容见表2-6。

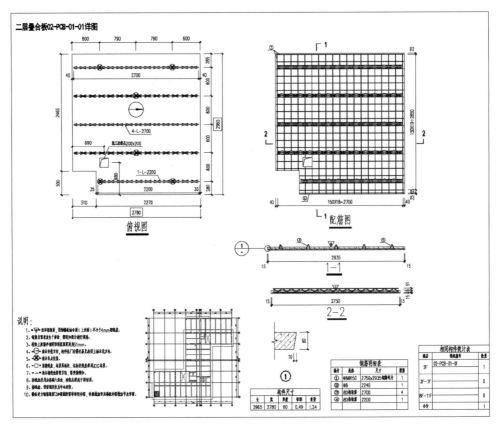

图 2-5 叠合楼板工艺图示例图

叠合楼板工艺图识图表达内容　　　　　　　　　　　　表 2-6

序号	内容	图示
1	预制叠合楼板编号	二层叠合板 02-PCB-01-01 详图
2	楼板尺寸,缺口尺寸;预留洞口定位及尺寸	
3	吊点的定位、数量	

序号	内容	图示
4	楼板钢筋定位布置	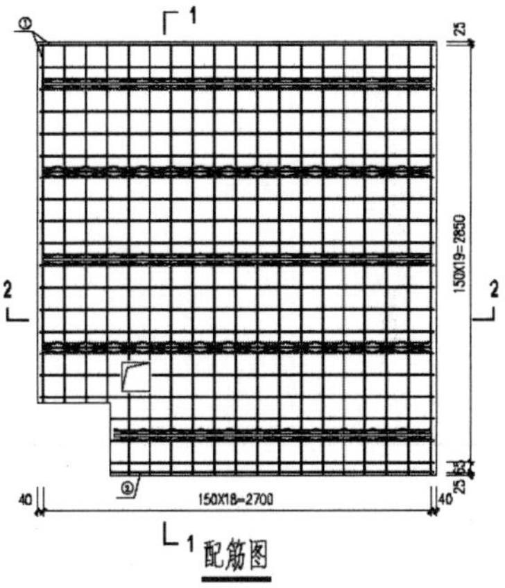
5	桁架钢筋的长度、数量、规格	配筋图
6	粗糙面位置	1—1
7	板底筋与桁架钢筋的摆放方式	2—2
8	楼板在建筑平面中的位置与安装方向	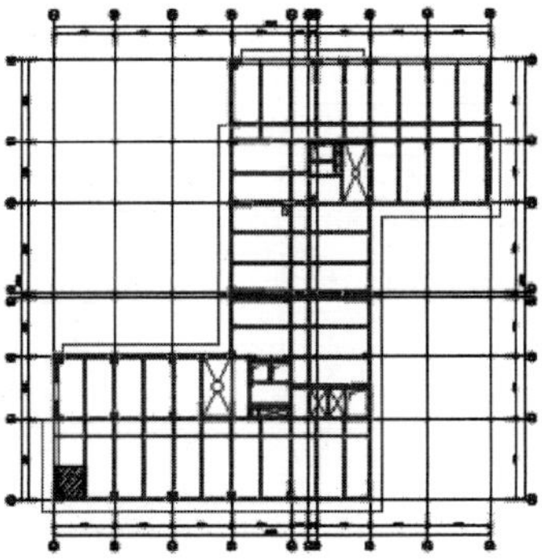
9	细部构造做法	
10	楼板大小、重量、数量钢筋规格、数量	

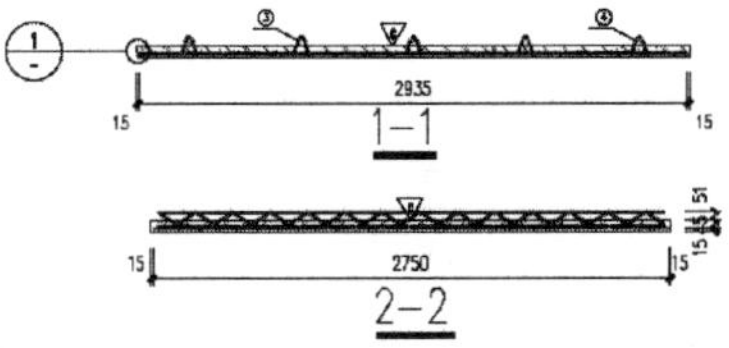

序号	内容	图示
11	楼板生产备注说明	说明： 1. ▽ 表示粗糙面，预制楼板结合面（上表面）不小于4mm粗糙度。 2. 钢筋与预埋发生干涉时，需通知设计进行调整。 3. 桁架上弦筋外侧距预制板顶面高为51mm。 4. ⊗ 表示安装方向，构件出厂时需在易见表面上标示此方向。 5. ⊗ 表示吊点位置。 6. □ 为接线盒，材质见标注，未标注线盒采用JDG材质。 7. — 表示接线盒接管方向，需安装锁扣。 8. 接线盒采用加高型八角盒，接线孔需高于预制面。 9. 接线盒、预留洞定位为中心定位。 10. 楼板受力钢筋遇洞口如需截断等等面积补强，补强做法详见楼板补强做法节点详图

5. 预制楼梯工艺图

预制楼梯工艺示例图如图 2-6 所示，识图表达内容见表 2-7。

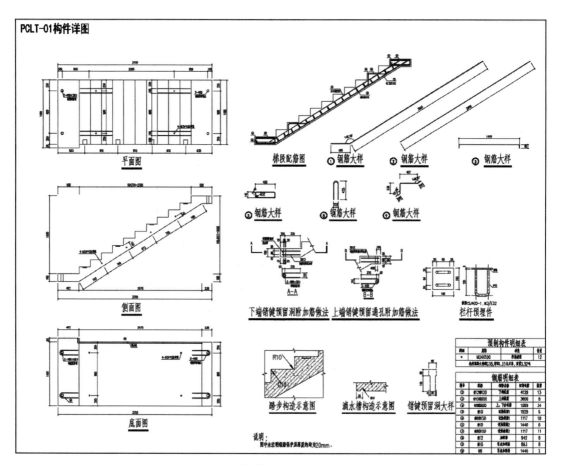

图 2-6　预制楼梯工艺图示意示例图

预制楼梯工艺图识图表达内容　　　　　　　　　　　表 2-7

序号	内容	图示
1	预制楼梯编号	PCLT-01构件详图
2	预制楼梯尺寸、踏步尺寸、楼梯板厚度	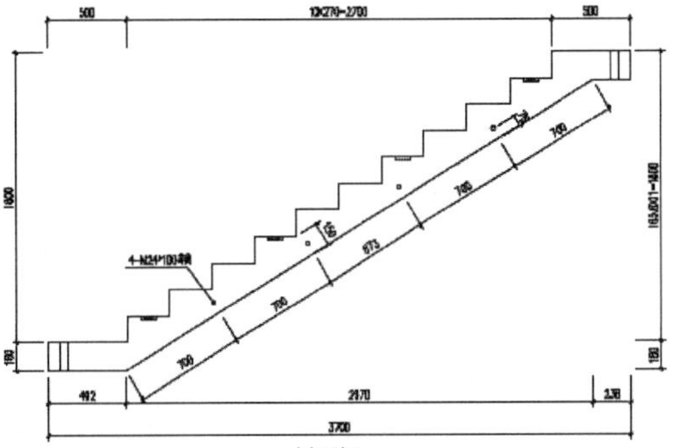 侧面图
3	预制楼梯预留洞大小、位置	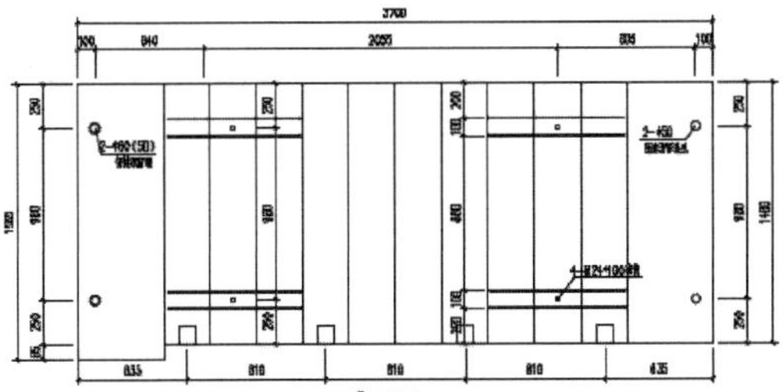 平面图
4	预制楼梯吊点、吊环位置与数量	
5	预制楼梯底部吊点定位，滴水线布置，预留洞加强钢筋的布置方式	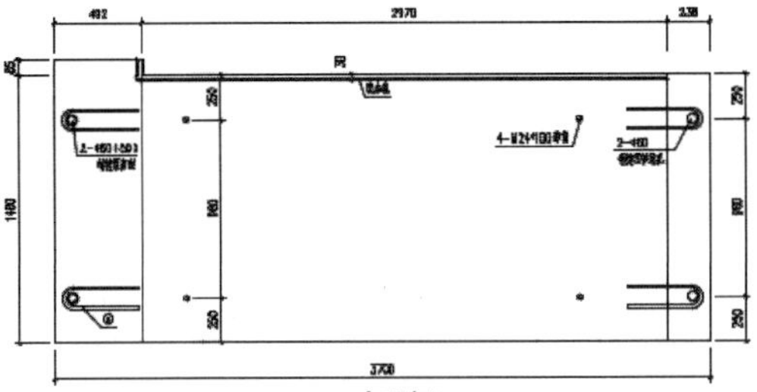 底面图
6	预制楼梯防滑条、预埋点等细部构造做法	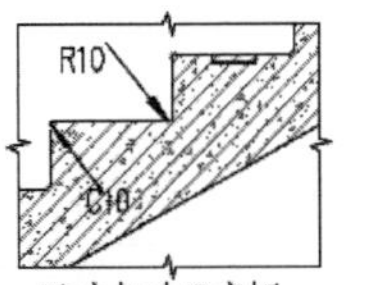 踏步构造示意图 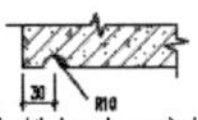　　滴水槽构造示意图 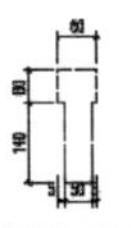　　销键预留洞大样

序号	内容	图示
7	钢筋布置	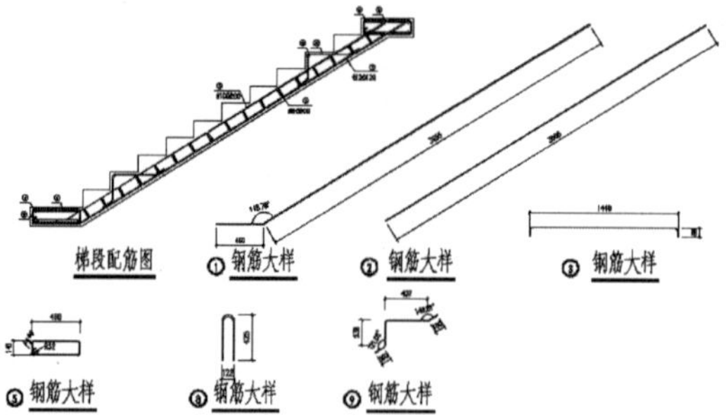
8	钢筋加工样式	
9	复杂部位的细部剖面
下端销键预留洞附加筋做法　上端销键预留通孔附加筋做法
10	钢筋明细表	钢筋明细表

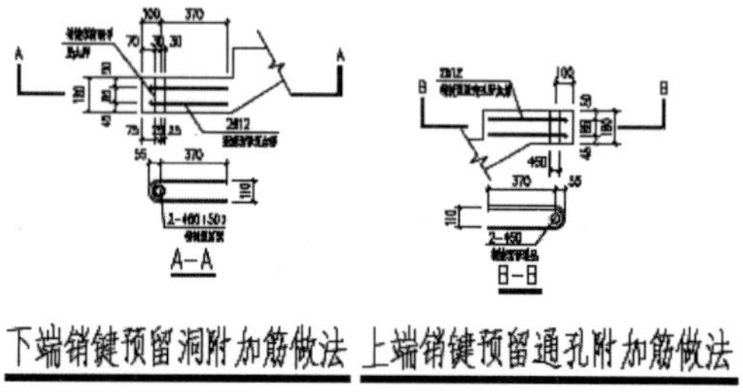

编号	规格	钢筋名称	细部长度	数量
①	Φ12@120	下部纵筋	4129	13
②	Φ10@200	上部纵筋	3600	8
③	Φ8@200	上、下分布筋	1569	34
④	Φ10	边缘纵筋1	1525	6
⑤	Φ8@150	边缘箍筋1	1117	10
⑥	Φ10	边缘纵筋2	1440	6
⑦	Φ8@150	边缘箍筋2	1117	11
⑧	Φ12	加强筋	942	8
⑨	Φ10	吊点加强筋	863	8
⑩	Φ8	吊点加强筋	1440	2
11	预制楼梯重量,混凝土强度等级; 预埋件规格、数量	预制构件明细表

图例	规格	功能	数量
○	M24×100	吊装套筒	12
构件混凝土等级C35,体积1.33 m³,重量3.32t			
12	预制楼梯生产备注说明	说明: 图中未注明钢筋保护层厚度的均为20mm

2.2 模具

　　预制构件模具,是以特定的结构形式通过一定方式使材料成型的一种工业产品，同时也是能成批生产出具有一定形状和尺寸要求的装配式建筑部品部件的一种生产工具。

2.2.1 一般要求

预制构件生产应根据生产工艺、产品类型等制定模具方案。模具应具有足够的强度、刚度和整体稳固性，并应符合表 2-8 规定。

预制构件模具一般要求　　　　　　　　　　表 2-8

序号	要求
1	应拆装方便，并应满足预制构件质量、生产工艺和周转次数等要求
2	结构造型复杂、外形有特殊要求的模具应制作样板，经检验合格后方可批量制作
3	模具各部件之间应连接牢固，接缝应紧密，附带的埋件或工装应定位准确，安装牢固
4	用作底模的台座、胎模、地坪及铺设的底板等应平整光洁，不得有下沉、裂缝、起砂和起鼓
5	模具应保持清洁，涂刷隔离剂、表面缓凝剂时应均匀、无漏刷、无堆积，且不得沾污钢筋，不得影响预制构件外观效果
6	应定期检查侧模、预埋件和预留孔洞定位措施的有效性；应采取防止模具变形和锈蚀的措施；重新启用的模具应检验合格后方可使用
7	模具与平模台间的螺栓、定位销、磁盒等固定方式应可靠，防止混凝土振捣成型时造成模具偏移、漏浆

2.2.2 构件模具的常用材料形式

按制作模具的材料分类，模具可分为：木模具、钢模具、铝合金模具等。

1. 木模具

木模具适宜构件制作复杂或用量少、周转次数少的构件生产。其简介见表 2-9。

木模具简介表　　　　　　　　　　表 2-9

项目	内容	图示
做法	利用建筑木材、木板加工组合成构件模具	
优点	易加工，质量轻	
缺点	易变形，不环保	

2. 钢模具

钢模具具有强度高、不易变形、周转次数多等优点是目前最常用的模具形式。其简介见表 2-10。

钢模具简介表　　　　　　　　　　　　　表 2-10

项目	内容	图示
做法	利用钢板或型钢加工组合成构件模具	
优点	强度高,机械性能好,加工工艺成熟	
缺点	质量重,易腐蚀	

3. 铝合金模具

铝模具因其价格较高,工艺等问题目前运用较少。其简介见表2-11。

铝合金模具简介表　　　　　　　　　　　　表 2-11

项目	内容	图示
做法	利用铝型材加工成构件模具	
优点	质量轻,强度高,外形美观	
缺点	前期投入高	

2.2.3 各类常用构件模具

按模具的生产构件种类分类,模具可分为:预制墙板模具、预制柱模具、预制梁模具、预制楼板模具、预制阳台模具等。

1. 预制墙板模具

预制墙板模具示意及制作要求见表2-12。

预制墙板模具示意示意及制作要求　　　　　　表 2-12

模具示意图		制作要求
常规预制墙板模具模型图	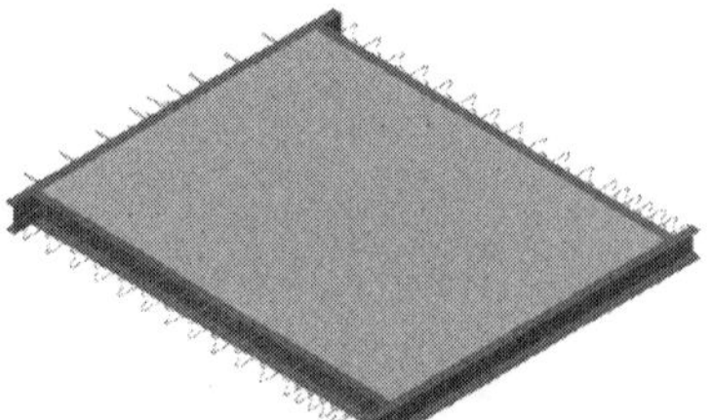	墙板模具底面可直接采用模台或单独底模,侧面模板需保证刚度要求。端部侧模注意控制预留伸出钢筋以及底部侧模预留灌浆套筒、波纹管等固定件的精度

模具示意图		制作要求
常规预制墙板模具实物图		墙板模具底面可直接采用模台或单独底模,侧面模板需保证刚度要求。端部侧模注意控制预留伸出钢筋以及底部侧模预留灌浆套筒、波纹管等固定件的精度
带门窗洞预制墙板模具模型图	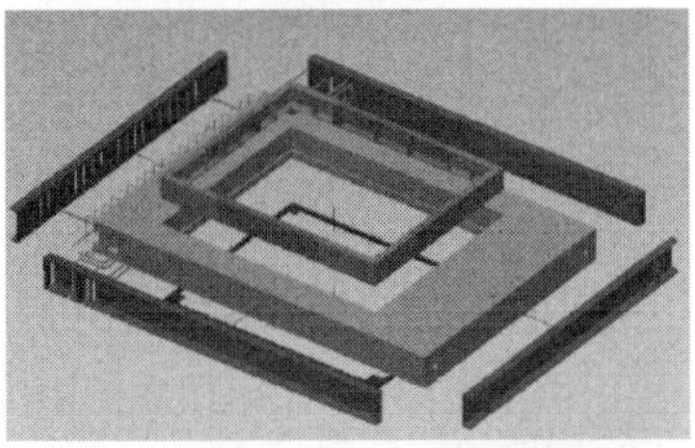	带门窗洞的预制墙板模具配置外边框框模和内框模;外边框模控制构件外形,其要求同常规墙板模具要求,内框模控制门窗洞大小、位置,要求定位牢固、易拆卸
带门窗洞预制墙板模具实物图		

2. 预制柱模具

预制柱模具示意及制作要求见表 2-13。

预制柱模具示意及制作要求   表 2-13

模具示意图		制作要求
模型图		柱模具底面可直接采用模台或单独底模,侧面模板需保证刚度要求,上口采用拉杆工装保证上口尺寸精度。端部挡模注意控制预留伸出钢筋以及底部挡模预留灌浆套筒固定件的精度
实物图		

3.预制叠合梁模具

预制叠合梁模具示意及制作要求见表2-14。

预制叠合梁模具示意及制作要求　　　　　　　表2-14

模具示意图		制作要求
模型图		梁模具底面可直接采用模台或单独底模,侧面模板需保证刚度要求,上口采用拉杆工装保证上口尺寸精度。 梁端挡模预留伸出钢筋位置做好密封措施,且需方便脱模
实物图		

4.预制叠合楼板模具

预制叠合楼板模具示意及制作要求见表2-15。

预制叠合板模具示意及制作要求　　　　　　　表2-15

模具示意图		制作要求
模型图		叠合板模具底面一般直接采用模台,制作时主要考虑侧边四周模板的平直刚度等要求。 模具外形简单,制作方便,可用角钢制作,固定可采用磁吸盒固定,预留钢筋处模具凹槽或预留孔做好漏浆措施
实物图		

5.预制楼梯模具

预制楼梯模具示意示意及制作要求见表2-16。

预制楼梯模具示意及制作要求   表 2-16

模具示意图		制作要求
卧式 模型图	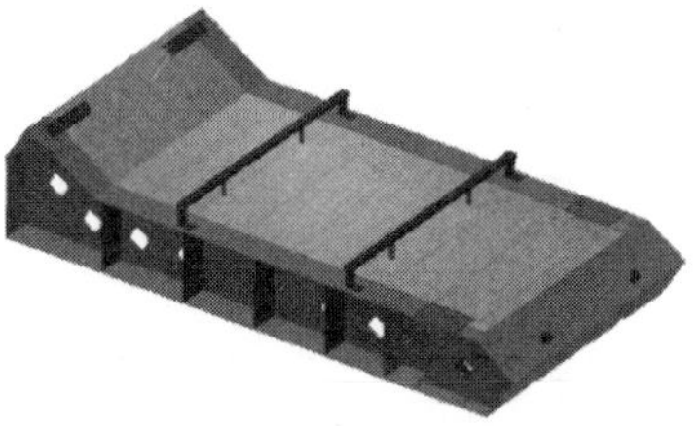	预制楼梯卧式生产: 踏步面为底面,楼梯底板面向上,此生产方式相对节省材料,脱模方便。但占地面积大,需压光面积较大,构件需多次翻转
卧式 实物图		
立式 模型图	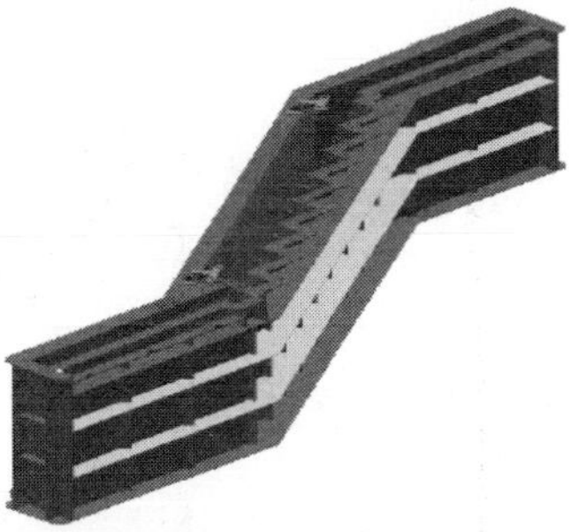	预制楼梯立式生产: 楼梯侧边模为底板面和踏步面,此种生产方式收光面少,产品外观好,但模具材料用量大,成本高
立式 实物图		

2.2.4 模具使用注意事项

（1）模具进厂后应按照相关检验要求行质量检查，保证模具精度；

（2）构件生产前确认模具完整性，防止模具缺失或错用；

（3）模具安装时，连接螺栓和定位销须紧固到位，模具与模台连接牢固；

（4）构件拆模时，先拆除工装后拆模具固定螺栓，最后进行模具脱离；

（5）拆模宜用橡胶锤、小撬棒等工具辅助脱离，不可采用重力野蛮敲砸；

（6）模具拆离之后及时清理黏附的混凝土残渣和杂物。暂不使用的模具可涂刷防锈油放置在指定位置存放。

2.3　钢筋加工

2.3.1　钢筋加工工艺流程

预制构件钢筋加工工艺流程为：

钢筋翻样→钢筋调直→钢筋下料→加工弯曲成型→钢筋连接（绑扎、焊接、机械连接等）→钢筋骨架成型（安装）。

2.3.2　钢筋加工各工序工艺要求

1. 钢筋翻样

翻样示例图见图 2-7。

钢筋明细表

编号	规格	数量	形状	备注	重量(kg)
①	Φ10	12	5160 450 180	下部纵筋	42.82
②	Φ8	10	5260 200	上部纵筋	21.53
③	Φ8	50	160 1170 160	上、下分布筋	29.38
④	Φ10		460 180	边缘箍筋1	9.47
⑤	Φ10		1170	边缘纵筋1	4.33
⑥	Φ10	8	300 110 300	加强筋	3.50
⑦	Φ10		620 200 120	边缘钢筋	6.95
⑧	Φ8		1170	边缘纵筋1	3.69
⑨	Φ8	12	500 330 100	吊点加强筋	4.87
⑩	Φ10	2	1170	吊点加强筋	1.44
钢筋总重（kg）					127.98
混凝土（m³）	1.851	梯段板重（t）			4.76

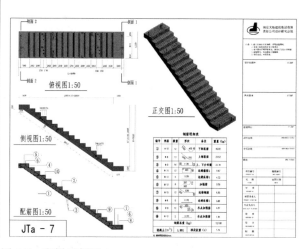

图 2-7　翻样示例图

（1）钢筋翻样人员须熟悉国家、本地区常用的规范、图集、地方强制性条文，了解构件类型特点、生产工艺，掌握图纸总说明要求、构件工艺图技术要求，详细了解连接节点、后浇带等部位的构造做法；

（2）遵循设计优先原则，翻样前确认工程抗震等级，确认构件混凝土等级，确认结构说明中钢筋构造做法。

（3）翻样时，部分钢筋在构件工艺图没画入但在说明和规范有要求设置的钢筋，必须在翻样时加入；

（4）钢筋施工翻样可采用手工翻样，亦可采用软件翻样，如"鲁班施工""广联达""神机妙算""亿通"等；软件翻样可大大提高翻样速度，但局部细节建议手工优化；

（5）钢筋翻样时在对规范和图集没有太大的冲突的情况下，尽量让钢筋种类简洁，便于查找和生产施工。

2. 钢筋调直

钢筋自动调直操作和自动调直设备见图2-8。

（1）钢筋调直前钢筋质量应检查符合有关标准规定和设计文件要求，经复试合格方可使用。

（2）钢筋调直加工前应将表面清理干净。表面有颗粒状、片状老锈或有损伤的钢筋不得使用。

（3）钢筋调直加工宜在常温状态下进行，加工过程中不得对钢筋进行加热。

（4）钢筋采用自动化智能调直剪切设备进行调直时，首件应进行调试复核，过程中注意观察并及时复核，有误差时及时调整。

图2-8　钢筋自动调直操作和自动调直设备示例图

3. 钢筋下料

钢筋自动剪切操作及自动剪切设备例见图2-9。

图2-9　钢筋自动剪切操作及自动剪切设备示例图

（1）待下料钢筋应平直、无局部弯曲；

（2）下料时应按配料单进行，根据原材料长度及待断钢筋的长度和数量，长短搭配，统筹配料，主筋下料长度允许误差±5mm；

（3）在下料过程中，劈裂、缩头或严重弯头等部位钢筋必须切除；

（4）切断机刀片应安装牢固，刀口要密合，钢筋的断口不得有马蹄形或弯起现象；

（5）下好的钢筋按规格、长度存放专用搁置架上，做好标识备用。

4. 钢筋弯曲成型

钢筋全自动弯折操作及自动剪切设备见图 2-10。

图 2-10　钢筋全自动弯折操作及自动弯折设备示例图

钢筋弯折的弯弧内直径应符合表 2-17 规定。

钢筋弯弧直径要求 　　　　　　　　　　　　表 2-17

项次	内容
1	光圆钢筋，不应小于钢筋直径的 2.5 倍
2	335MPa 级、400MPa 级带肋钢筋，不应小于钢筋直径的 4 倍
3	500MPa 级带肋钢筋，当直径为 28mm 以下时不应小于钢筋直径的 6 倍，当直径为 28mm 及以上时不应小于钢筋直径的 7 倍
4	箍筋弯折处尚不应小于纵向受力钢筋直径；箍筋弯折处纵向受力钢筋为搭接钢筋或并筋时，应按钢筋实际排布情况确定箍筋弯折内直径

5. 钢筋连接（绑扎、焊接、机械连接等）

（1）钢筋绑扎

1）预制柱、预制梁、预制楼梯等钢筋骨架绑扎宜在固定胎模架上进行，按图纸要求，绑扎牢固，钢筋用料规格、钢筋间距确保位置准确。使用固定胎模架绑扎操作见图 2-11。

2）预制叠合板、预制墙板、阳台板等钢筋网片一般直接在模具内绑扎。叠合板网片结构或构件拐角处的钢筋交叉点应全部绑扎；中间平直部分的交叉点可交错绑扎，但绑扎的交叉点宜占全部交叉点的 40% 以上；模具内钢筋直接绑扎成形操作见图 2-12。

图 2-11　固定胎模架钢筋骨架绑扎示例图

图 2-12　模具内钢筋直接绑扎成形示例图

（2）钢筋焊接

1）钢筋焊接网片制作及自动焊接网片机见图 2-13。

图 2-13　钢筋焊接网片制作及自动焊接网片机

钢筋焊接网片制作应符合表 2-18 规定。

钢筋焊接网制作要求　　　　　　　　　　　　表 2-18

序号	内容
1	钢筋焊接网应采用机械制作,两个方向钢筋的交叉点以电阻焊焊接
2	钢筋焊接网焊点开焊数量不应超过整张网片的交叉点总数的1%,并且任一根钢筋上开焊点不应超过该支钢筋上交叉点总数的一半
3	钢筋焊接网最外边钢筋上的交叉点不应开焊

2）钢筋桁架焊接制作要求

自动桁架筋加工和自动桁架筋机见图 2-14。

图 2-14　自动桁架筋加工和自动桁架筋机设备

钢筋桁架制作应符合表 2-19 规定。

钢筋桁架制作要求　　　　　　　　　　　　　表 2-19

项次	内容
1	钢筋桁架杆件钢筋直径应按计算确定,但弦杆直径不应小于 6mm,腹杆直径不应小于 4mm
2	钢筋桁架腹杆钢筋在支座起焊处,应焊在上弦钢筋的端部两侧

（3）钢筋套筒连接

1）连接套筒用钢筋切割下料

对端部不直的钢筋要预先调直，按规程要求，切口的端面应与轴线垂直，不得有马蹄形或挠曲。

2）加工丝头

① 钢筋丝头长度应满足产品设计要求，极限偏差应为 $0 \sim 2.0P$（P 为螺距）；

② 钢筋丝头宜满足 6f 级精度要求，应用专用直螺纹量规检验，通规能顺利旋入并达到要求的拧入长度，止规旋入不得超过 $3P$，见图 2-15。

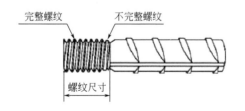

图 2-15　钢筋丝头加工示意图

3）钢筋与套筒的直螺纹连接要求：直螺纹接头应使用管钳和力矩扳手进行施工，将钢筋丝头旋入套筒，接头拧紧力矩应符合表 2-20 的规定。

接头拧紧力矩要求	表 2-20
钢筋直径(mm)	拧紧力矩(N·m)
≤16	100
18~20	200
22~25	260
28~32	320
36~40	360
50	460

6. 钢筋骨架成型

钢筋骨架须全数检查，经检验合格后做合格标识，不合格品及时返修整改，检查内容包括：外观质量、骨架尺寸、钢筋间距等并做相应记录，确保记录的有效性和可追溯性。

成型钢筋骨架、网片示意图见图 2-16。

图 2-16　成型钢筋骨架、网片示意图

2.4　生产前技术管理

预制构件生产前的技术管理准备是确保有序开展生产，有效管控质量的前提，生产前技术准备工作主要包括：生产计划编制、技术交底等。

2.4.1　生产计划编制

1. 概念和要求

生产计划是依据企业的经营目标要求，科学地制定企业在计划期的生产规模，方向目标及计划期的产量和相应资源的投入量等指标，科学有效地配置生产资源，以最低的成本按规定技术要求和期限生产满足市场所需的最佳产品，以实现企业的战略目标要求。

合理、有效的生产计划是保证项目履约的关键，预制构件生产企业在生产前一定要根据合同总工期要求、约定交货期要求以及工厂排产情况、工艺要求等切实编制较为合理的生产计划。

2.计划编制内容

（1）预制混凝土构件生产计划分为总计划和分项计划，计划中应包括生产进度控制、生产质量控制、生产物料控制、生产成本控制等内容。

（2）总计划内容包括：总进度计划（分解为月计划或周、日生产计划），设计深化进度计划，模具设计制作进度计划，原材料、配件等进场时间计划、生产时间、出货时间等。

（3）分项计划内容包括：材料计划、设备计划、劳动力计划、堆场计划、运输计划、质量控制计划、成本计划、后勤安全保障计划。

生产计划示例图见图 2-17。

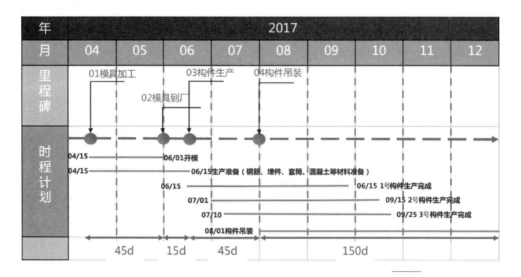

图 2-17　某项目生产计划示例图

2.4.2　技术交底

1.概念和要求

技术交底，是指在项目生产前，由相关专业技术人员向参与生产的人员进行的技术性交代，其目的是使生产人员对项目工程特点、构件特点、技术质量要求、生产工艺与措施以及安全等方面有一个较详细的了解，以便于科学地组织生产，避免技术质量等事故的发生。

技术交底的对象涉及生产的所有部门和人员，应分层次交底，直到班组操作工人。

2.技术交底内容和形式

技术交底内容应包括项目概况、构件产品概况、设计要求、技术质量要求、生产工艺要求、生产措施与方法等一系列较为详细的技术性信息。

技术交底应以书面记录形式，有交底人和被交底人签字，作为履行职责的凭据。

2.5　本章小结

　　本章介绍了常用预制混凝土构件工艺详图的识图知识、构件生产模具的形式和要求、钢筋加工流程和要求、生产计划的编制及技术交底要求。在预制构件生产前，工厂需要熟悉相关设计技术要求，做好项目现场沟通，合理安排生产计划，有序组织生产，才能保质保量的满足客户需求。

第三章　构件生产与质量管理

3.1　场地要求

预制构件生产企业应根据土地情况、生产项目种类、生产工艺及企业未来发展规划等要求，合理规划布置生产区、成品堆放区、相应配套设施区及办公、生活区域。

3.1.1　一般要求

工厂场地的一般要求见表 3-1。

工厂场地一般要求　　　　　　　　　　　　　　　　　表 3-1

序号	要求
1	预制构件(部品、部件)生产工厂的设置需考虑预制构件生产经营的经济性,例如:预制构件的年生产规模及能力、预制构件运输的经济性等相关因素; 预制构件生产场地的设置要充分考虑构件运输的特殊性,生产场地的设置区间需要考虑构件供应方式和经济性
2	场地选择应符合城市总体规划及国家有关标准的要求,应符合当地的大气污染防治、水资源保护和自然生态保护要求。场地生产过程中产生的各项污染按照国家和地方环境保护法规和标准的有关规定,应治理后达标排放
3	场地的建(构)筑物、电气系统、给水排水、暖通等工程应符合国家相关标准的规定;应高度重视劳动安全和职业卫生,采取相应措施,消除事故隐患,防止事故发生

3.1.2　生产场地要求

生产场地的要求见表 3-2。

生产场地要求　　　　　　　　　　　　　　　　　　表 3-2

序号	要求
1	场地设置选择应综合考虑工厂的服务区域、地理位置、交通条件、基础设施状况等因素,经多方案比选后确定
2	预制构件具有一定的特殊性及区域性,在生产场地的选择上应侧重考虑其制约因素
3	预制构件生产场地生产规模,生产场地设计需求应满足年产规划能力要求

序号	要求
4	预制构件工厂设置要充分满足构件生产环节中各个功能区域的要求,如:构件制作工艺路线、构件场内物流通道、满足生产能力的产线空间规划、构件仓储能力以及各个辅助配套设备功能区域等

3.1.3 堆放场地要求

堆放场地要求见表 3-3。

堆放场地要求 表 3-3

序号	要求
1	预制构件的堆放场地应平整、坚实,并有良好的排水措施
2	预制构件堆场设置要考虑与生产车间的距离,一般选择靠近生产车间设置。大小应满足工厂最大生产产能需要,并要满足库存构件的堆放需要
3	堆场内根据不同预制构件类型划分不同的存放区,并合理布置运输车辆进出通道。堆垛之间须设置通道
4	预制构件堆场要考虑门式起重设备的配置,提前进行起重设备的基础及轨道安装施工。同时安装轨道时考虑其使用安全性,并应保证堆场车辆的通行方便

3.2 生产用设备

预制构件生产用设备一般由钢筋加工设备、构件生产线设备和辅助设备组成。通过合理的厂房规划,科学配备和布置相关设备进行预制构件的生产。

3.2.1 生产线

1. 钢筋加工设备

将钢筋原材料进行调直、切断、焊接、弯曲、绑扎等加工,提高生产效率和质量。常见钢筋加工设备见表 3-4。

钢筋加工设备 表 3-4

名称	用途	说明	图例
数控钢筋调直机	实现在线长度自动快速调节,不同长度钢筋多任务作业	长度精度:±1mm; 剪切长度:10～12000mm; 矫直直线度:不大于 3mm/m	

名称	用途	说明	图例
数控钢筋弯箍机	自动完成钢筋矫直、定尺、弯箍、切断等工序,连续生产平面形状的产品	弯曲角度:±180°; 长度精度:±1mm; 角度精度±1°; 钢筋加工形状:模块化图库和个性编辑	
钢筋下料机	提高钢筋下料效率	智能控制调直、弯曲、切断、收集等操作	
桁架焊接机	钢筋桁架成型专用设备,钢筋放线、矫直、弯曲、焊接等一次完成	桁架高度:70~280mm; 桁架宽度:70~90mm	
网片焊接机	批量化生产钢筋网片	宽度:3m; 焊接钢筋直径:2.5~6mm; 焊接间距:150~300mm	
钢筋滚丝机	对需要进行机械连接的钢筋滚轧出丝牙	转速:65r/min	

2.构件生产线

（1）固定模台

适用于尺寸不规整、超长、超宽的构件及特殊、异形构件的生产，例如楼梯、阳台、飘窗、预应力空心板等。常见固定模具见表3-5。

固定模台　　　　　　　　　　　　　　　　表3-5

名称	用途	说明	图例
短线台座	生产尺寸不规整、异形的构件，如楼梯、阳台、飘窗等。不受作业时间限制，适合工序复杂、作业时间长的构件生产	尺寸：3.5m×12m（宽×长），荷载：6t；尺寸：3.5m×8m（宽×长），荷载：4t	
长线台座	主要用于板式先张法预应力构件的生产	常用尺寸：1.2～2.5m×80～120m×10cm（宽×长×高）	

（2）移动模台

适用于尺寸规整的板类构件生产，如墙板、叠合楼板等，通过平模传送转移完成构件生产工序。具有效率高、能耗低的优势。移动模台生产线示意图见图3-1。

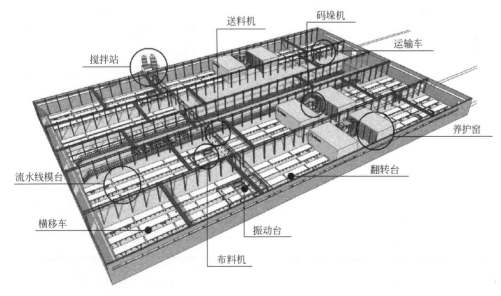

图3-1　移动模台生产线示意图

移动模台生产线常用设备见表3-6。

移动模台生产线常用设备   表 3-6

名称	用途	说明	图例
划线机	用于在底模上快速而准确画出边模、预埋件等的位置,提高放置边模、预埋件的准确性和速度	全自动划线,误差小于3mm,时间小于5min	
布料机	用于向构件模具内均匀定量布料(混凝土)	容量:3m³,下料速度:0.5~2m³/min	
翻转台	模板固定于托板保护机具上,可将水平板翻转85°~90°,便于构件垂直起吊	1min内完成翻转动作	
横移车	协助流水线上台模转向的设备	平移速度:15m/min,升降速度:8mm/s	
振动台	将布料完成后的模台中混凝土振动密实	复合式振动台,上下、左右,离心振动,复合振动	

名称	用途	说明	图例
刮平机	将浇筑好的混凝土刮平，使得边面平整	适宜用于构件表面平整、无预留预埋或无工装架布置要求的构件生产	
拉毛机	对构件上表面进行拉毛处理，以保证粗糙面	可升降至指定位置	
养护窑	智能温控，经过静置、升温、恒温、降温等几个阶段使构件混凝土强度达到要求	根据模台数量或产能需求确定养护仓位	
码垛机	用于移动模台在养护窑内存取	根据养护仓位数量配套合理设置	

3.2.2 辅助设备

构件生产辅助设备有：混凝土生产设备、起吊设备、运输设备、蒸汽设备等。

1.混凝土生产养护设备

包括混凝土搅拌站、送料机、蒸汽锅炉等。混凝土生产养护设备见表3-7。

混凝土生产养护设备   表 3-7

名称	用途	说明	图例
搅拌站	集中搅拌混凝土,生产效率高,保证混凝土的质量,节省水泥	常用规格有:$60m^3/h$、$90m^3/h$、$120m^3/h$ 等	
送料机	用于搅拌站出来的混凝土输送,通过在特定的轨道上行走,将混凝土运送到布料机中	常用容量:$1\sim3m^3$	
蒸汽锅炉	提供混凝土养护的蒸汽	常用规格:2t、4t、6t	

2.起吊设备

构件厂常用起吊设备包括桥梁式、门式起重机和汽车吊等。起吊设备见表 3-8。

起吊设备   表 3-8

名称	用途	说明	图例
桥式或梁式起重机	车间厂房内吊运构件或材料	常用载荷:3t、5t、10t、16t、25t、32t 等	

名称	用途	说明	图例
门式起重机	室外堆场吊运构件或材料	常用载荷：5t、10t、16t、20t、25t、32t 等	
汽车吊	辅助起重设备，在现有起重机无法满足需求时进行应急使用	常用载荷：8t、12t、16t、20t、25t、32t、35t、50t 等	

3. 运输设备

包括轨道运输车、叉车、平板车、构件运输车及铲车等，用于工厂内原材料及构件成品的转运。运输设备见表 3-9。

运输设备　　　　　　　　　　　　表 3-9

名称	用途	说明	图例
轨道运输车	将成品构件由车间运送至堆放场地	常用尺寸：2.4m×6m；载荷：不小于 25t	
叉车	用于转运叠合板及楼梯、半成品与成品钢筋、小型设备等	载荷：3～5t；运输高度：3m	

名称	用途	说明	图例
构件运输平板车	用于一般预制构件的场外运送	常用车型长度有：9.6m、10m、12.5m、17.5m等	
预制构件专用运输车	专用预制构件装载运输	可同时保证构件竖放和平放运输,有效提高运输效率	
铲车	用于运输原材料	参考参数： 载重量5000kg； 铲斗容量2.7～4.0m³	

3.2.3　试验室配置

1.试验室规划、布置

（1）试验室规划：试验室具有相对独立的活动场所，充分考虑安全、环保、交通便利及工程质量管理要求，满足信息化办公要求，满足试验检测工作需要和标准化建设的有关规定。

（2）试验室的功能分区一般包括资料室、留样室、特性室、力学室、标养室、骨料室、水泥室、化学室等。各功能室要独立设置，并根据不同的试验检测项目配置满足要求的基础设施和环境条件。按照试验检测流程和工作相关性进行合理布局，保证样品流转顺畅，方便操作。

2.常用试验设备

试验室常用设备用途及性能参考见表3-10。

设备名称	参考规格或参数	用途	照片
混凝土搅拌机	常用规格 60 型,搅拌量 60L	用于混凝土配合比试验	
混凝土拌合物含气量测定仪	(1)量钵容积:7L(其内径与深度相等); (2)含气量量程:≤10%,使用粗骨料的最大粒径:≤40mm	用于测量混合料中空气含量	
压力试验机(数显)	常用型号为 3000 型,其最大试验力 3000kN	用于混凝土试块抗压试验	
万能试验机	(1)型号有 100 型、300 型、600 型、1000 型等; (2)可检测直径 6～40mm 的钢筋	用于检测钢筋抗拉、抗弯等力学性能	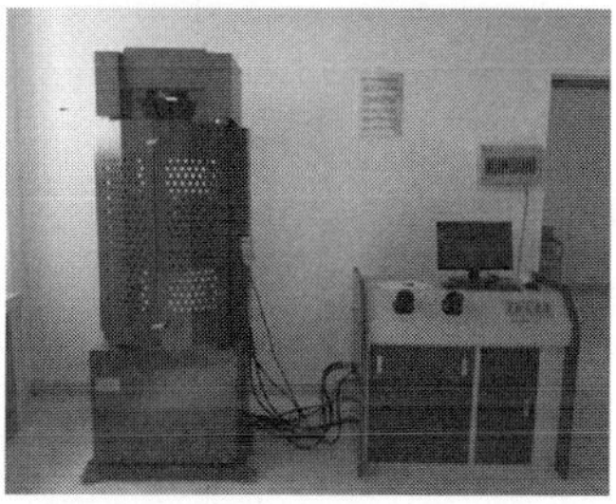
抗渗试模脱模器	(1)荷载:最大载荷 5t; (2)适用试件规格:175mm×185mm×150mm; (3)脱模最大行程:175mm	用于混凝土抗渗试件脱模	

设备名称	参考规格或参数	用途	照片
自动混凝土渗透仪	(1)最大工作压力：4MPa； (2)柱塞泵参数流量：0.16L/min	用于混凝土抗渗的性能检测	
电热鼓风恒温干燥箱	(1)最高工作温度为300℃； (2)正常升温速率一般平均在3～5℃/min	用于测定砂、石中含水，烘干物品、试样，干燥热处理及其他加热之用	
振击式标准振筛机	(1)筛具最大直径300mm； (2)筛层叠高440mm； (3)摆动行程25mm； (4)左右摆动次数约221次/min； (5)振击次数的147次/min； (6)上下振幅行程6mm； (7)定时范围0～60min	用于试验室中对物料进行筛分试验	
水泥胶砂水养护箱	(1)温度控制值为20.0±1.0℃，湿度控制值为95%±1.5%； (2)容积： 20B（550mm×450mm×700mm） 40A（580mm×550mm×1130mm） 40B（550mm×550mm×1180mm） 90B（1200mm×560mm×1400mm）	用于水泥胶砂试件养护	
水泥负压筛析仪	(1)工作负压：-4000～6000Pa； (2)喷气嘴转速：（30±2）r/min； (3)筛析时间：120s； (4)筛析测试细度：0.080mm	用于测试硅酸盐水泥、普通硅酸盐水泥、矿渣硅酸盐水泥、粉煤灰硅酸盐水泥、复合硅酸盐水泥的细度	

设备名称	参考规格或参数	用途	照片
恒温恒湿养护箱	(1)控湿温度:RH90%以上; (2)控制温度:20±1℃; (3)增湿量:400mL/h; (4)增湿器容积:5.5L; 箱内空间:40B型可放150mm×150mm×150mm混凝土试块15组	用于混凝土、水泥试件凝结养护	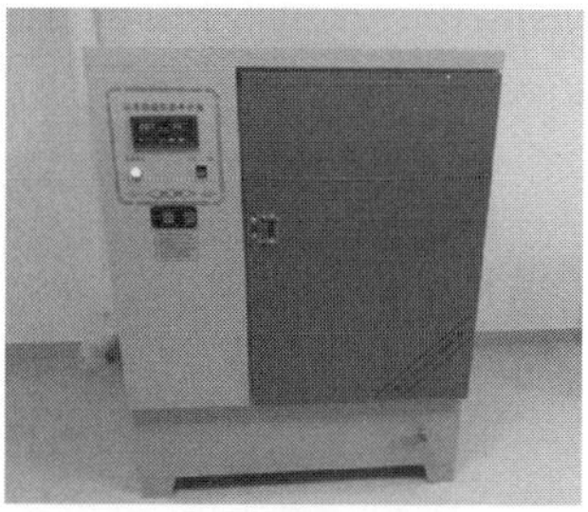
水泥净浆搅拌机	(1)搅拌叶公转慢速:62±5r/min; (2)搅拌叶公转快速:125±10r/min; (3)搅拌叶自转慢速:140±5r/min; (4)搅拌叶自转快速:285±10r/min	用于制作水泥标准稠度、凝结时间及安定性等试验所使用的试块	
全自动水泥抗折抗压一体机	(1)最大试验力:300kN(抗压)、10kN(抗折); (2)加荷速率:0.3~10kN/s(抗压)、50N/s(抗折); (3)承压板尺寸ϕ155mm(抗压)、80mm×150mm(抗折); (4)活塞最大行程80mm	用于水泥胶砂强度的抗压、抗折试验	
水泥胶砂流动度测定仪	(1)振动部分落差10±0.2mm; (2)振动频率1Hz; (3)振动次数25次; (4)圆盘桌面直径ϕ300±1mm	主要用于水泥胶砂流动度试验	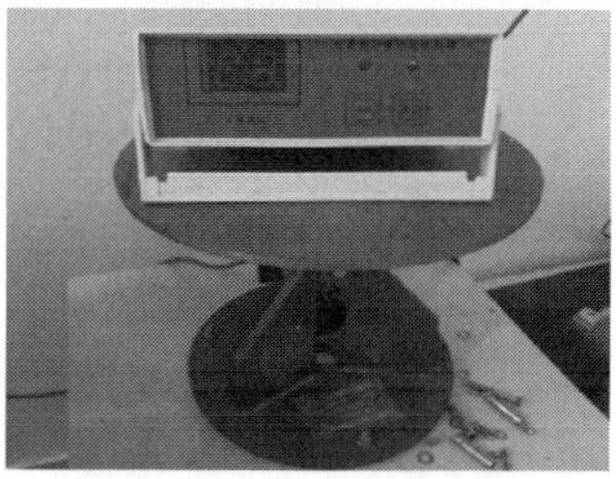
水泥胶砂振实台	(1)振动部分总重量20±0.5kg; (2)落距:15±0.3mm; (3)振动频率:60次/(60±2s); (4)电动机型号:90TDY4; (5)电动机转数:60r/min	用于水泥强度检验所测试样的制备	

设备名称	参考规格或参数	用途	照片
混凝土维勃稠度仪	(1)坍落度筒 顶部内径:100±2mm 底部内径:200±2mm 高:300±2mm; (2)振动台频率:50±3Hz; (3)振动台空载振幅(含容器):0.5±0.05mm; (4)压重:2750±50g; (5)电机功率:0.25kW	适用于粒径不大于40mm,坍落度值小于10mm,维勃稠度值在5~30s之间的干硬性混凝土的测定	
电子台秤	(1)量程:30kg、60kg、100kg、150kg、200kg; (2)台面尺寸(mm):300×400、400×500、500×600、600×800、800×800(任何非标尺寸可定做)	用于计量,属于中准确度等级Ⅲ的衡器	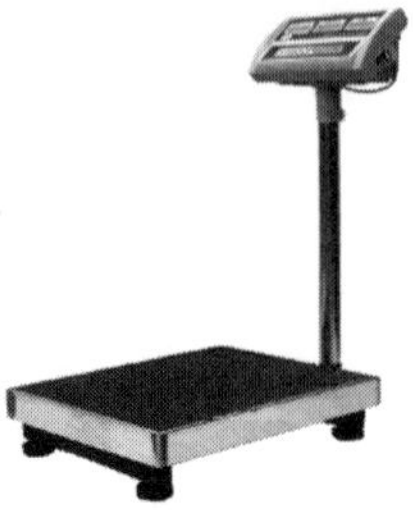
液体比重天平	(1)测锤体积:5cm³; (2)测锤标准温度:20℃; (3)测定液体的最大比重:2.000; (4)准确性:0.001; (5)液体比重的表示形式:δ_{20}	用于测定液体比重	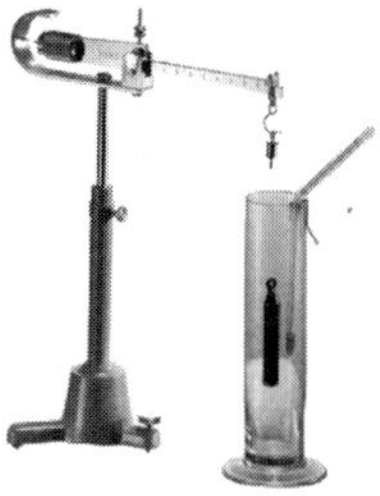
电子天平(大)	(1)规格型号:YP20002; (2)称量范围:0~2000g; (3)可读性精度:10mg; (4)外型尺寸:310mm×235mm×150mm	用于称重计量	
电子天平(小)	(1)规格型号:YP10001; (2)称量(g):0~1000; (3)最小读数(mg):100; (4)秤盘尺寸:ϕ130mm	用于称重计量	
酸度计	(1)测量范围:0~14pH; (2)耐温等级:0~130℃	用来测定溶液酸碱度值的仪器	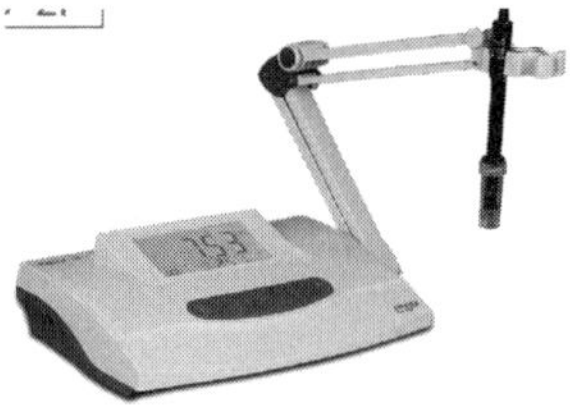

设备名称	参考规格或参数	用途	照片
沸煮箱	(1)最高沸点指标：100℃； (2)沸煮箱名义容积：31L； (3)升温时间：30±5min； (4)沸煮时间控制：3h±5min	用于水泥实验的器具	
箱式电阻炉	温度段分为 1200℃ 以下，1400℃、1600℃、1700℃、1800℃等	用于小型工件的热加工或处理	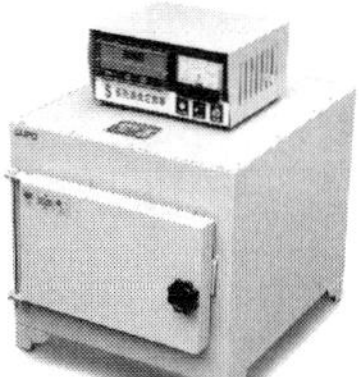
标准养护室	混凝土标养室温度 20±1℃、相对湿度 95％RH 以上	用于混凝土试块、水泥试块的恒温、恒湿标准养护	
贯入阻力仪	(1)试料模：上口径：ϕ160mm，下口径：ϕ150mm，深度：150mm； (2)最大贯入力：1000N； (3)贯入深度：25mm； (4)贯入针截面面积：100mm²、50mm²、20mm²； (5)最小分度值：5N，示值误差：±10N	用于混凝土拌合物凝结时间试验	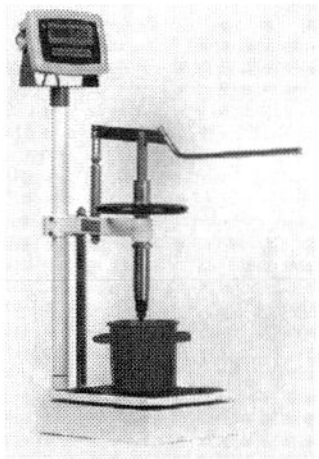
氯离子快速测定仪	(1)测量精度：<10％； (2)采集时间：≤3min	用于快速测定混凝土、砂石子、水泥、拌合水等无机材料的水溶性氯离子含量	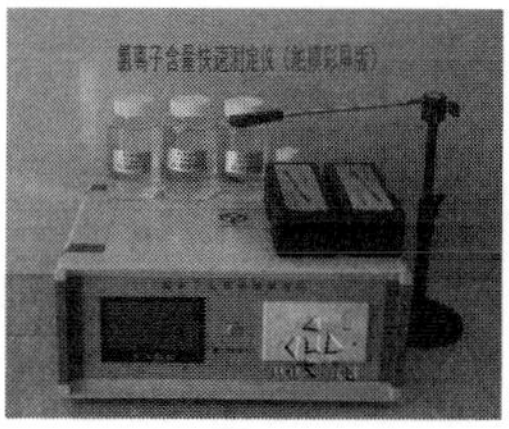

3.3 预制构件生产工艺

3.3.1 工艺流程

预制构件生产通用工艺流程见图 3-2。

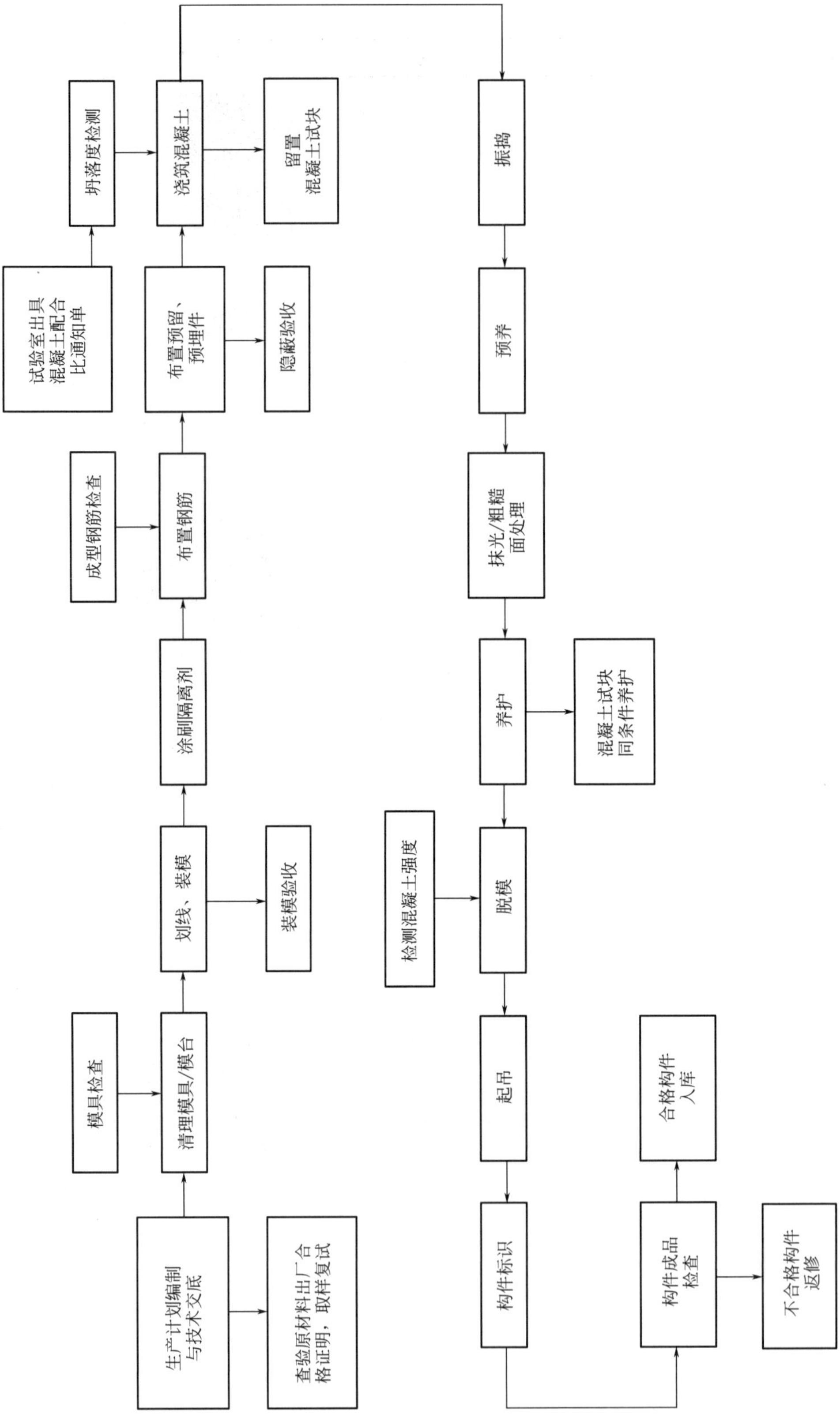

```
模具检查          成型钢筋检查          试验室出具
                                  混凝土配合
                                  比通知单

清理模具/模台      布置钢筋              坍落度检测

划线、装模         涂刷隔离剂            浇筑混凝土 ──→ 留置
                                                   混凝土试块

装模验收          布置预留、            振捣
                 预埋件

生产计划编制       隐蔽验收              预养
与技术交底

查验原材料出厂合                        抹光/粗糙
格证明、取样复试                        面处理

                 检测混凝土强度         养护 ──→ 混凝土试块
                                              同条件养护

                 脱模

                 起吊

                 构件标识

                 构件成品              合格构件
                 检查                 入库

                                     不合格构件
                                     返修
```

图 3-2 预制构件通用生产、质控工艺流程图

3.3.2 各生产工序常用操作方法

1.清理模台、模具

构件生产之前需要对模台、模具进行清理及打磨，以保证构件外观尺寸、质量不受影响。清理模台、模具操作方法见表3-11。

清理模台、模具操作方法 表 3-11

序号	操作方法	说明	图示
1	人工清理	一般使用角磨机、尼龙扫帚等工具对模台、模具进行清理	
2	模台自动清扫机	用于移动模台、自动化流水线模台的自动清扫、清理	

2.组装模具

模具在模台上按照设计图纸、构件信息进行组装，保证构件尺寸准确。组装模具操作方法见表3-12。

组装模具操作方法 表 3-12

序号	操作方法	说明	图示
1	人工组装	采用人工或划线机根据构件工艺图在模台上进行标线，确定模具位置，使用电动扳手或其他工具对模具进行组装	
2	自动拼模机械手	划线机根据输入的构件信息在模台上进行标线，自动拼模机械手以标线为基准，抓取模具放置至指定位置并自动安装完成	

3. 涂刷隔离剂

使构件易于脱模，保证构件表面光洁。涂刷隔离剂操作方法见表 3-13。

涂刷隔离剂操作方法 表 3-13

序号	操作方法	说明	图示
1	人工涂刷	人工使用喷枪、喷壶、滚筒刷、毛刷、抹布等工具物品将隔离剂均匀涂刷在与构件接触的模具及模台面上	
2	自动喷涂设备	在全自动流水生产线中配备隔离剂自动喷涂机，将隔离剂自动喷涂在模具、模台表面	

4. 构件外饰面加工

构件（一般为外墙板）有饰面要求时，一般采用预铺反打工艺、塑胶定型整体浇筑成型工艺、装饰混凝土面层加工工艺进行制作。外饰面加工操作方法见表 3-14。

构件外饰面加工操作方法 表 3-14

序号	操作方法	说明	图示
1	石材或面砖预铺反打工艺	将石材或面砖反向预铺，背面安装预留锚件，涂刷界面剂，在组好的模具中按照工艺图纸的图样布置石材或面砖，并填塞缝隙防止漏浆、摆放钢筋、浇筑混凝土成型	
2	塑胶定型整体浇筑成型工艺	将带有装饰面的塑胶底模铺设至构件模具内，摆放钢筋、浇筑混凝土成型	

序号	操作方法	说明	图示
3	装饰混凝土面层加工工艺	将装饰面层混凝土浆料在模具内预先铺设相应厚度（细骨料装饰混凝土通常使用喷射的方式；粗骨料采用抹压方式），摆放钢筋、浇筑混凝土成型	

5. 布置钢筋

将制作完成的钢筋或骨架按工艺图要求放置于模具内，并固定。布置钢筋操作方法见表3-15。

布置钢筋操作方法 表 3-15

序号	操作方法	说明	图示
1	钢筋骨架整体入模法	对于钢筋安装复杂、模具空间狭小不具备模内制作、工艺、条件允许的构件采用钢筋骨架整体入模方式	
2	钢筋半成品模具内绑扎法	按照工艺图要求将加工好的钢筋半成品摆放至正确位置，进行绑扎安装。此方法会延长整个工艺流程时间，条件允许时应尽可能采用钢筋骨架整体入模法	

6. 安装预埋预留件

安装套筒、门窗框、管线等预埋件，保证位置准确，安装牢固。安装预埋预留件操作方法见表3-16。

安装预埋预留件操作方法 表 3-16

序号	操作方法	说明	图示
1	螺纹套筒安装	螺纹套筒的安装有多种，构件正面套筒一般采用工装悬挑固定；底面套筒一般使用磁铁进行定位固定，构件侧边套筒则需模具设计时在侧边开孔，用螺栓穿过模具固定	

序号	操作方法	说明	图示
2	灌浆套筒安装	半灌浆套筒应将加工好的滚丝钢筋与灌浆套筒连接,布置钢筋时一起通过胶塞工装固定在模具上; 全灌浆套筒在布置连接钢筋之前先与模具连接固定好,再插入钢筋连接固定; 灌浆套筒进、出浆孔用波纹管或PVC管连接固定,将管线使用磁铁等与模具面贴合,或将管线伸出浇筑面并用胶带封口,防止浇筑时浆料流入	
3	灌浆波纹管安装	波纹管根据设计要求在下部设置注浆孔,顶部采用砂浆堵头并留置出浆孔。下端采用橡胶件工装固定,上端固定绑扎在钢筋骨架上	
4	线盒安装	正面线盒安装一般采用工装悬挑固定底面线盒可采用橡胶定位块固定; 线管与线盒连接后,用扎丝绑扎固定在邻近的钢筋上	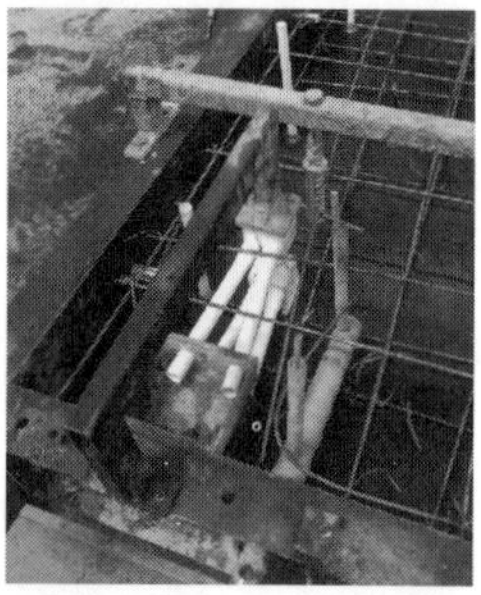
5	门窗框安装	门窗框安装需要配合模具安装进行固定,通过模具的特殊构造限位并固定门窗框或副框	
6	保温连接件安装	金属保温连接件按照连接件型号采用相对应的方式与钢筋固定,后浇底层混凝土及铺设保温板; 非金属复合材料保温连接件安装时间是在保温板铺设之后插入预留的孔槽固定,要确保连接件在内外叶墙中的锚固长度,并要保证混凝土对连接件的包裹密实	

序号	操作方法	说明	图示
7	孔洞预留	用套管或泡沫等预留孔洞,可采用工装悬挑固定; 方框洞口可采用钢框或木框预先设置,并固定牢固	

7.混凝土布料

确认混凝土强度等级及浇筑量,按工艺图要求布料。混凝土布料操作方法见表 3-17。

混凝土布料操作方法　　　　　　　　　　　　表 3-17

序号	操作方法	说明	图示
1	布料机布料	由人工操作布料机前后左右移动完成布料;根据模具形式特点,采用先远后近,先窄后宽等合理的布料路线均匀摊铺;这是自动流水生产线常用操作方法	
2	料斗布料	由人工操作桁车吊挂料斗前后左右移动完成布料;此方法适用于固定模台生产工艺的混凝土浇筑,具有机动灵活的优点	

8.振捣

布料完成后对混凝土进行振捣,以消除气泡、使混凝土达到密实。振捣操作方法见表 3-18。

振捣操作方法　　　　　　　　　　　　表 3-18

序号	操作方法	说明	图示
1	流水线振动台振捣	移动模台固定在流水线振动台架上,流水线振动台架采用可调的振动频率,通过水平和垂直振动对混凝土进行振捣,使混凝土达到密实	

序号	操作方法	说明	图示
2	插入式振捣棒振捣	人工使用插入式振捣棒对混凝土进行振捣,要结合模具形状、钢筋布置情况,调整振捣时间和方式;常用于固定模台的构件生产	
3	附着式振动器振捣	振动器与模板紧密连接产生振动,使混凝土密实,适用于薄壁形构件,必要时可配合采用插入式振捣棒振捣,使混凝土达到密实	

9.赶平

混凝土浇筑完毕,应对混凝土表面进行赶平压实操作,保证构件表面的平整度、密实度。赶平操作方法见表3-19。

赶平操作方法 表3-19

序号	操作方法	说明	图示
1	赶平	用通长刮尺(刮尺要求:长度需超过混凝土面,底面顺直、平整)压紧对拉,将混凝土刮平,高度与模具面一致	
2	抹平	使用工具将不平的区域补充抹平,并压实找平,清理构件表面凸起异物	

10.预养

为提高生产效率,保证混凝土的质量,构件进行表面抹光或粗糙面处理前,需预养混凝土至初凝状态。预养操作方法见表3-20。

序号	操作方法	说明	图示
		预养操作方法	表 3-20
1	静置预养	构件表面处理后,静置一段时间,至混凝土达到初凝状态	
2	预养护窑预养	采用预养护窑对构件进行预养护,提高效率和构件质量	

11. 抹光及粗糙面处理

按照工艺图要求,对构件表面进行抹光或粗糙面处理。抹光及粗糙面处理操作方法见表 3-21。

抹光及粗糙面处理操作方法　　表 3-21

序号	操作方法	说明	图示
1	铁抹精抹	使用工具进行精抹光处理,需要抹光多次,方向和手法一致,结束后无明显抹平痕迹	
2	抹光机处理	自动流水生产线配备,对表面无预埋、无工装架的构件可用抹光机进行抹平处理	
3	人工拉毛	不同构件按照工艺要求,采用不同工具(如竹扫帚、硬质毛刷等)进行拉毛处理,一般用于固定模台构件生产	

序号	操作方法	说明	图示
4	拉毛机拉毛	自动流水生产线配备,主要用于叠合板的表面拉毛,方便快捷	
5	刻痕/拉痕	构件与模具结合面可通过模具上花纹来制造构件侧面凹凸,达到粗糙面的效果	
6	水洗毛化	在模具的特定部位(构件与模具结合面)处预先涂刷缓凝剂,待构件脱模后使用高压水枪对该处进行冲洗,露出粗骨料。此种方法操作简单、效率高、粗糙面质量高,但缓凝剂对环境造成污染,需对冲洗后的废水集中处理方可排放	
7	凿毛	使用凿毛机对构件需毛化表面进行凿毛,此方法效率低,耗费人工	

12. 养护

混凝土养护可采用自然养护或加热养护(蒸汽、电加热)。养护方法见表 3-22。

养护方法   表 3-22

序号	操作方法	说明	图示
1	自然养护	在常温环境下养护,宜采用保证混凝土温度和湿度的措施(如薄膜、篷布覆盖等),可降低成本,当环境温度较高或工期允许,应优先采用自然养护方式	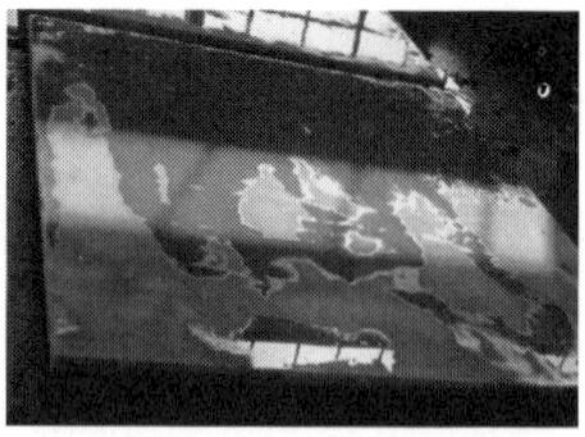

序号	操作方法	说明	图示
2	立体养护系统集中养护	适用于流水线生产工艺,将模台集中于养护窑采用蒸汽养护,热效损失小,生产效率高	
3	篷布覆盖式养护	用于固定模台构件生产,采用蒸汽、电加热的方式加温养护,操作简易,但热效损失大	
4	移动式养护棚养护	用于固定模台构件生产,将模台一起封闭,采用蒸汽、电加热的方式加温养护,热效均匀,效果好于篷布覆盖方式	

13. 脱模、起吊

脱模起吊时,预制构件的同养混凝土立方体抗压强度满足设计要求,且不应小于 $15N/mm^2$。构件满足强度要求后,可以按照脱模要求进行脱模,并起吊运至临时工位。脱模、起吊操作方法见表3-23。

脱模、起吊操作方法 表 3-23

序号	操作方法	说明	图示
1	脱模	先拆除上部预埋件工装,再拆除模具与预埋件的连接,松开模板间的连接螺栓,拆除内模、拆除边模、最后拆除其他部分模板	

序号	操作方法	说明	图示
2	起吊	根据图纸吊点要求采用专用吊具进行起吊,保证每个吊点受力均匀; 有翻转台的构件可用机械协助垂直起吊,其他构件均采用水平起吊	

14. 标识

构件脱模后,要对构件及时进行标识。标识操作方法见表 3-24。

标识操作方法   表 3-24

序号	操作方法	说明	图示
1	喷涂标识	在构件上标识构件的编号、生产日期、检验状态等信息	
2	张贴二维码	使用二维码技术,通过相应的设备来记录、提取构件信息,实现信息的全过程管理和精细化管理	
3	埋设芯片	芯片浅埋于预制构件表面,埋设位置按相应标准执行;通过手持 PDA 设备扫描可读取构件信息,实现产品追溯	

15. 入库

合格的构件转运至厂内堆场,根据构件类型、外形等情况,选择合适的入库方式。入库操作方法见表 3-25。

序号	操作	要点	示意
1	水平叠放	叠合楼板、叠合梁、预制柱等构件,宜水平堆放,叠放时注意支撑点位置,做好保护措施(堆放要求见本手册第4章)	
2	竖直堆放	预制墙可采用货架插放或倾斜靠放,注意支垫稳固,防止倾倒(堆放要求见本手册第4章)	
3	专项堆放	异形构件应根据产品情况制定堆放方案,可采用单独平放、叠放或侧立存放方式,做好保护措施	

3.3.3 各类预制构件的生产工艺

1. 预制剪力墙生产工艺

(1) 预制剪力墙生产工艺流程

预制剪力墙生产可采用流水生产线模台,也可采用固定模台进行生产。预制剪力墙生产工艺流程见图 3-3。

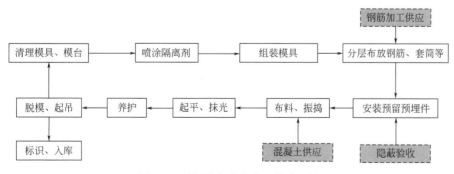

图 3-3 预制剪力墙生产工艺流程图

(2) 预制剪力墙生产各工序操作要点

预制剪力墙生产工序操作要点见表 3-26。

预制剪力墙生产工序操作要点 **表 3-26**

序号	工序		操作要点	图示
1	清理模台、模具； 涂刷隔离剂		参照模台、模具清理操作方法，清除模台与模具上的残留混凝土、灰尘、油污等杂物； 参照涂刷隔离剂操作方法，涂刷必须均匀、适量，不可堆积或漏刷	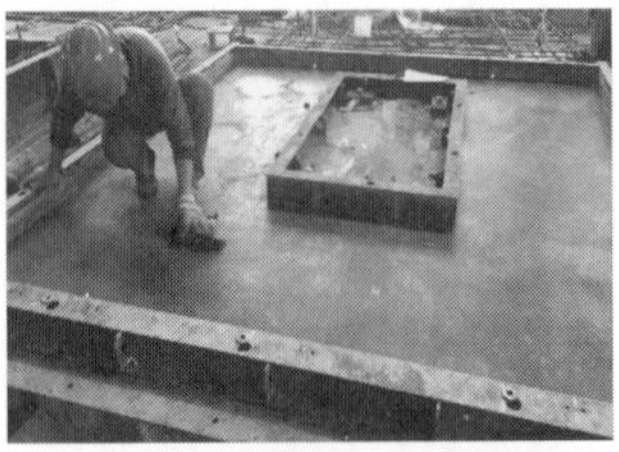
2	组装模具		参照组装模具操作方法，部分模具工装附件等，可待钢筋安装完毕后固定	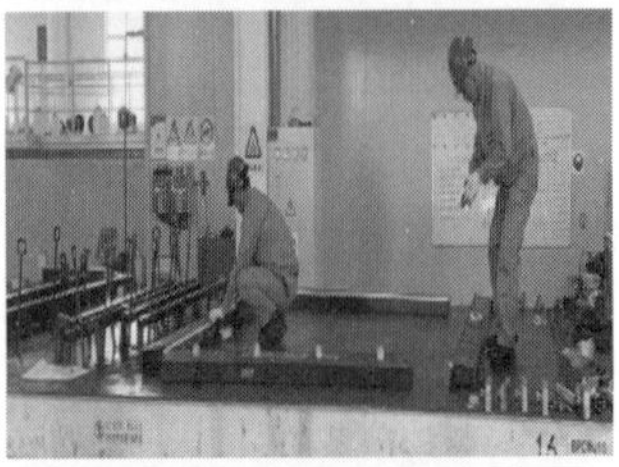
3	布放钢筋	底层钢筋布放	下层钢筋按照工艺图纸要求放置到模具内，用垫块控制好保护层	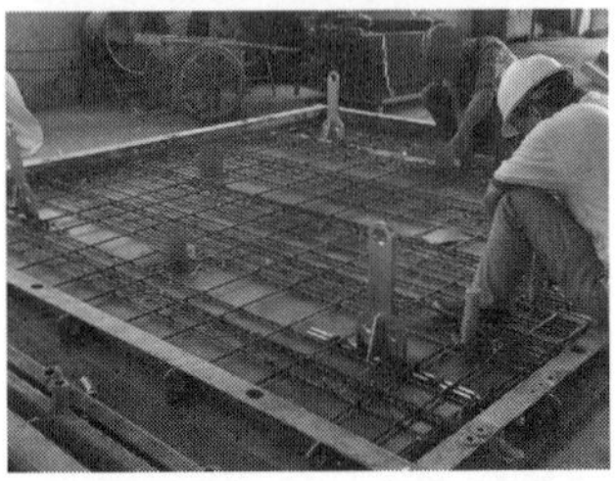
		灌浆套筒、波纹管安装、固定	参照灌浆套筒、波纹管安装操作方法，安装完成注意注、出浆孔朝向按工艺图要求方向设置	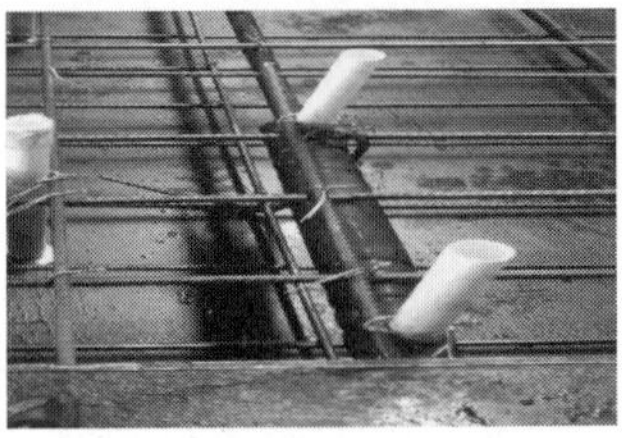
		上层钢筋布放	上层钢筋按照工艺图纸要求放置到模具内； 在模具外侧按照工艺图上外露钢筋的长度布置钢筋限位工装，通过工装控制好外露钢筋尺寸后，再进行绑扎及后续操作； 上下层钢筋用拉筋连接，绑扎应牢固	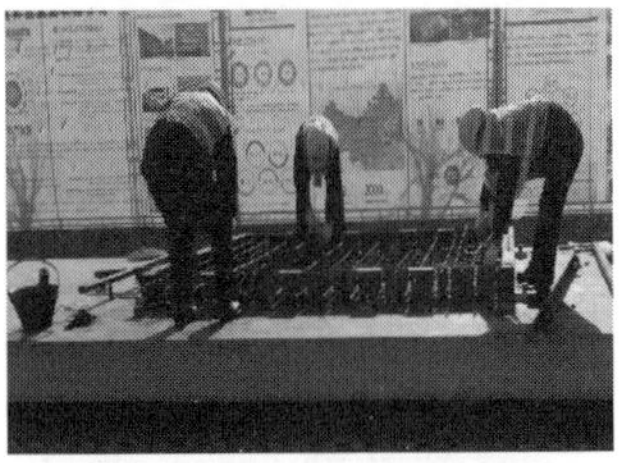
4	安装预留预埋件	安装预埋螺栓	参照相应的操作方法，要求规格型号正确、安装位置准确、固定牢固，预留管、孔、洞要有防堵塞措施	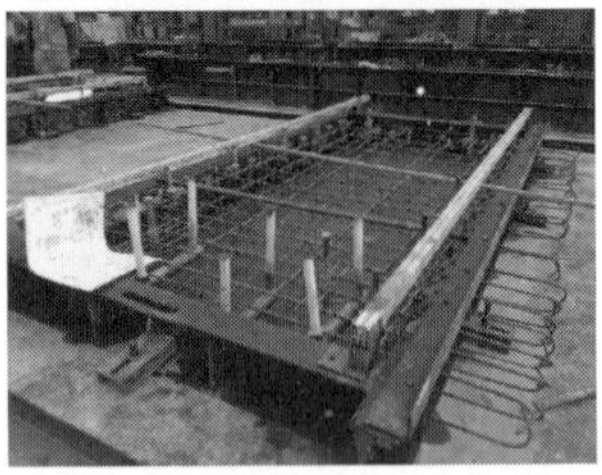
		预留通孔		
		安装线管、线盒		
		固定注、出浆管		

序号	工序	操作要点	图示
5	混凝土布料、振捣	参照混凝土布料及振捣操作方法,过程中控制混凝土坍落度,检查混凝土是否振捣密实,检查预埋件等是否有移位和倾斜情况,及时调整发生偏移的预埋件	
6	赶平、抹光	参照赶平、抹光操作方法,表面压实,平整度符合要求	
7	养护	参照混凝土养护方法;选择蒸汽养护时,注意升温速度、恒温时间、降温速度的设定和控制	
8	脱模、起吊	参照脱模、起吊操作方法;采用翻转台翻转时,须确认操作空间安全,缓慢翻转。确认翻转已完成,才允许挂钩起吊	
9	清理、标识	清理构件表面与预留预埋管洞口的混凝土残渣,采用泡沫等临时封闭预埋管洞口; 剪力墙侧面有水洗要求的运至专门区域进行处理; 参照标识操作方法进行标识,标识应清晰,堆放时标识向外,便于辨识	

序号	工序	操作要点	图示
10	入库	对构件产品质量进行检查,合格的产品按照工厂存放要求,选择水平堆放、插放或倾斜靠放方式存放	

（3）预制剪力墙板生产制作重点控制项

1）正、反打法工艺

使用平模法生产墙板时可采用正打法、反打法两种工艺。

反打法是将外墙板的外表面在下，内表面在上进行生产方法，是国内墙板常用的生产工艺，在欧洲被称为标准工艺，对外表面有装饰要求的墙板优点突出。而反之，将外墙板的内表面朝下，用吸附式固定工装（磁性吸盘等）把预埋件、灌（出）浆孔吸附在模台上进行生产，即正打法。因室外表面埋件较少，可减少表面收光的难度，提高效率，特别适合自动流水线生产。预制墙板正打法安装示例见图 3-4。

图 3-4　预制墙板正打法安装示例图

2）预制剪力墙竖向连接常用浆锚搭接连接方式，而保证底部连接套管（包括：灌浆套筒、灌浆波纹管、盲孔等）的位置准确和上部预留钢筋位置、预留长度的准确，对结构质量保证、现场安装质量保证起关键作用，生产时应重点控制。

2.预制夹心保温墙板生产工艺

（1）预制夹心保温墙板构件产品由外叶板、夹心保温层、内叶板三部分组成，这类构件制作难度大、制作程序繁琐，制作时应精心组织和操作。其常用生产工艺流程见图 3-5。

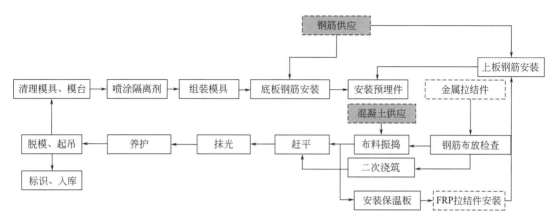

图 3-5　预制夹心保温墙板的生产工艺流程

（2）预制夹心保温墙板生产各工序操作要点见表 3-27。

预制夹心保温墙板生产各工序操作要点　　　　　　表 3-27

序号	操作	操作要点	图示
1	清理模台、模具，组装模具	参照预制剪力墙制作的相关要求	
2	布置外叶板钢筋、安装预埋件、窗框入模	外叶板钢筋按照工艺图纸布置并绑扎牢固； 如保温连接件为金属材质，按照专业厂家的设计要求布置，通过钢筋绑扎等操作与外叶板钢筋固定，并保证连接件角度满足要求	
3	外叶板浇筑、养护	浇筑混凝土至指定厚度，并进行表面处理，确保混凝土振捣密实、平整； 覆盖并养护，保证外叶板混凝土强度	

序号	操作	操作要点	图示
4	保温层布置	(1)保温层预拼装:保温层布置前需对保温层进行预拼装。根据构件保温部位尺寸切割或组合,留出满足大小要求的保温板、留出连接件穿透位置、预留孔洞位等。在构件操作区外的平地上完成保温板的试拼装; (2)将加工拼装好的保温板放置在混凝土面上,并使保温板与混凝土面充分接触,放置平整,用卡扣固定; (3)如采用 FRP 拉结件时,应在外叶板混凝土浇筑处理完成后及时铺设保温板、安装拉结件	
5	布置内叶板钢筋、安装预埋件	按工艺图要求布置内叶板钢筋和预埋件;钢筋布置时,注意保温连接件的位置,并将连接件与内叶板钢筋绑扎固定	
6	二次浇筑(内叶板混凝土浇筑);赶平、抹光	操作布料设备在上部内叶板模具范围内浇筑混凝土至平齐模具面; 按照一般工艺操作方法对构件进行抹平抹光处理	
7	养护	参照混凝土养护方法;为防止保温层高温变形,建议最高养护温度不宜超过65℃	
8	脱模、起吊	混凝土试块的抗压强度达到图纸设计的脱模强度值或规范要求方可起吊脱模; 脱模完成,采用翻转台翻转竖向起吊; 采取保温层保护、预埋管洞口临时封闭措施	

序号	操作	操作要点	图示
9	标识、入库	参照标识操作方法进行标识,标识应清晰,堆放时标识向外,便于辨识; 按照构件检测标准检查构件质量,合格产品构件吊运至堆放区,采用货架插放的方式进行储放,不宜平放。并做好构件及保温层的保护措施	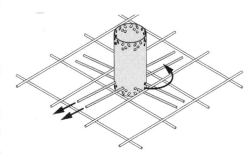

（3）预制夹心保温墙板生产制作重点控制项

预制夹心保温墙板内、外叶板与保温板的连接主要依靠拉结件连接,生产时应重点控制。目前常用的拉结件有两种:一种是预埋式金属拉结件（"哈芬拉结件"）,另一种是插入式纤维增强复合塑料拉结件（"FRP 拉结件"）。

1）"哈芬拉结件"的安装

采用预埋方式,即浇筑外叶板混凝土前,埋设完成。

筒状拉结件 MVA 安装:把钢筋插入 MVA 底部的一排圆孔,调整组件,使拉结钢筋与钢筋网内底层钢筋平行。把钢筋插入上面一排圆孔,与底层拉结成 90°角并平行于钢筋网的上层钢筋。将拉结件 MVA 旋转 45°,使得底部钢筋滑到钢筋网底部钢筋下面,顶部钢筋滑到钢筋网顶部钢筋上面。不需要将拉结钢筋与钢筋网绑扎。把准备好的墙板外叶面钢筋放到模板内,见图 3-6。

图 3-6　筒状拉结件 MVA 安装示意图

片状拉结件 FA 安装:把中间弯曲 30°（$L=400mm$）的两根钢筋插入拉结件最上面一排圆孔的最外面两个孔内。把拉结件安装在钢筋网上的设计的位置处。穿过拉结件最底部一排圆孔,从钢筋网下面插入钢筋。把弯曲过的钢筋旋转到水平面并绑扎到钢筋网上,见图 3-7。

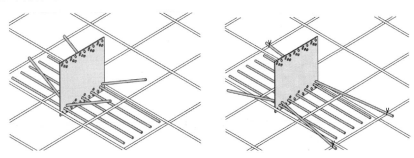

图 3-7　片状拉结件 FA 安装示意图

支承拉结件 SPA-1 和 SPA-2 的安装：把拉结件安装在钢筋网上并使用一根或者两根钢筋固定在钢筋网下面，见图 3-8。

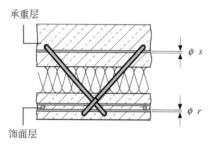

图 3-8　支承拉结件 SPA-1 和 SPA-2 连接示意图

底部饰面层浇筑混凝土，安装保温层并为承重层铺设底部钢筋网。把一根或者两根拉结钢筋（取决于拉结件类型）插入拉结件顶部弯钩内拉结钢筋居中固定，见图 3-9。

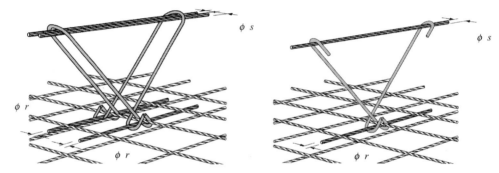

图 3-9　支承拉结件 SPA-1 和 SPA-2 安装示意图

限位拉结件 SPA-N 型安装：按下拉结件，使其穿过保温层，进入饰面层的松软混凝土内，插入深度需要符合最小埋深的要求，见图 3-10。

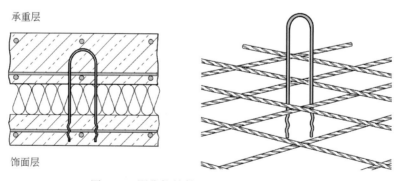

图 3-10　限位拉结件 SPA-N 型安装示意图

2）"FRP 拉结件"的安装

"FRP 拉结件"安装采用插入式埋设，即在外叶板混凝土浇筑完成，于混凝土初凝前插入拉结件，见图 3-11。

生产时要掌握插入时间，防止插不进或插入后握裹不实；必须保证插入的有效锚固长度。

连接的保温板应预先留置连接孔,不得采用按插式,防止破碎的保温板颗粒进入混凝土,减弱混凝土的握裹力,造成安全隐患。

拉结件一般采用矩阵式排列,间距一般为400～600mm,距边模100～200mm,与钢筋网片冲突时微调钢筋间距。

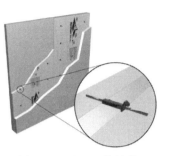

图3-11 "FRP拉结件"安装示意图

3.预制柱生产工艺

(1) 预制柱生产工艺流程图

预制柱生产工艺流程见图3-12。

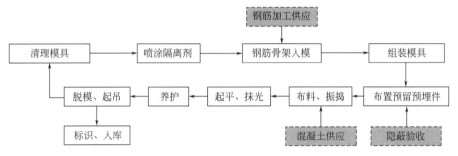

图3-12 预制柱生产工艺流程图

(2) 预制柱生产各工序操作要点

预制柱生产各工序操作要点见表3-28。

预制柱生产各工序操作要点 表3-28

序号	工序	操作要点	图示
1	清理模台、模具;涂刷隔离剂	参照清理模台、模具,涂刷隔离剂工序要求执行	
2	钢筋骨架制作与安装(入模)	钢筋骨架制作要求参照第2章第2.3小节钢筋加工内容要求执行;套筒定位安装及控制方法及要求详见本节预制柱生产制作重点控制措施内容	

序号	工序	操作要点	图示
3	组装模具	各模板采用螺栓和定位销连接,模具尺寸确认无误后,固定牢固	
4	安装预留预埋件	用工装连接固定套筒、线盒等预埋件;防雷钢板焊接在竖向主连接钢筋上,确保焊接稳固;用堵头或胶带封堵好进、出浆管,防止浇筑构件混凝土时进浆。并将连接管绑扎牢固,防止浇筑时移位或脱落	
5	混凝土布料、浇筑	采用料斗进行布料,下料时注意布料均匀;一般采用振捣棒对混凝土进行振捣,振捣时要确保混凝土密实无漏振,特别注意钢筋加密区域及模具边角处防止漏振。振动棒应尽量避免碰撞模板、钢筋和埋件,防止移位	
6	赶平、抹光	混凝土浇捣结束后,对上表面有收光要求时,应根据季节掌握混凝土凝结时间,及时进行抹面、收光作业,作业分粗刮平、细抹面、精收光三个阶段完成。达到表面密实、平整、光滑,消除收缩裂纹	
7	养护	完成收光作业后应及时在混凝土表面覆盖塑料薄膜,再罩上帆布养护罩进行自然养护或蒸汽养护。夏季为防止混凝土表面失水产生收缩裂缝,应及时加以覆盖,并有保湿措施;冬期施工要有防冻措施	
8	脱模、起吊	混凝土试块的抗压强度达到图纸设计的脱模强度值或规范要求方可起吊脱模。模具拆除时应是先把外模上部对拉连接螺杆放松,拆除模具上口连接螺栓、固定侧模及底模的螺栓,然后将侧模与端模缓缓拆出;最后将柱吊出模外	

続表

序号	工序	操作要点	图示
9	标识、入库	经过检验为合格品的预制柱,应及时加以标识,标识内容:产品型号、生产日期、二维码等; 标识合格预制柱应及时入库,按生产日期及型号排列堆放整齐,并应搁置在木方垫条上,垫条厚度要一致,重叠堆放柱时,每层柱间的垫条应上下对齐,堆放不宜超过3层	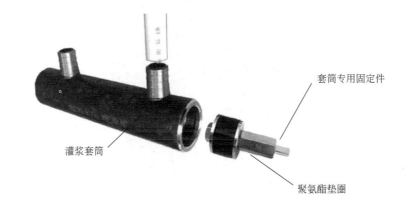

（3）预制柱生产制作重点控制项

预制柱现场安装连接一般采用套筒连接,灌浆套筒的定位准确是保证现场安装质量的重要保证,其定位安装及控制方法及要求如下。

1）灌浆套筒定位:灌浆套筒定位使用套筒专用固定件与定位端模连接在一起,并固定牢靠,聚氨酯垫圈服帖,保证无倾斜,不漏浆,见图3-13。

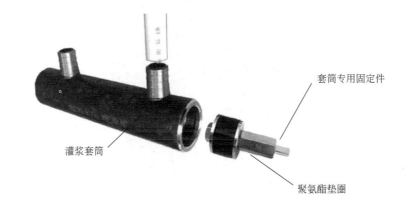

套筒专用固定件

灌浆套筒

聚氨酯垫圈

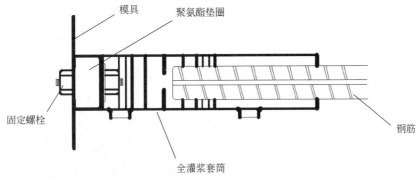

模具

聚氨酯垫圈

固定螺栓

钢筋

全灌浆套筒

图3-13　柱端套筒固定示意图

2）注浆管、出浆管延长连接

使用延长管与灌浆套筒相连,安置好后用塞盖密封,连接处粘涂粘结胶,保证不滑脱、不漏浆。注浆管、出浆管外露长度应保证与柱混凝土面保持一致,见图 3-14。

塞盖

延长管

图 3-14　注浆管、出浆管连接示意图

3）柱上端模固定

采用钢筋固定件进行固定,见图 3-15,安装要求:前段橡胶垫安装服帖,防止预留孔漏浆。专用固定件型号正确,安装到位牢固,防止混凝土浇筑时松弛、移动。

橡胶垫

钢筋固定件

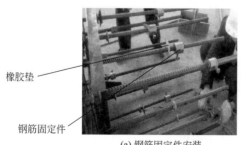

(a) 钢筋固定件安装　　　　　　　　(b) 钢筋固定件安装完成

图 3-15　柱上端模固定示意图

4. 预制叠合梁生产工艺

(1) 预制叠合梁生产工艺流程

预制叠合梁生产工艺流程见图 3-16。

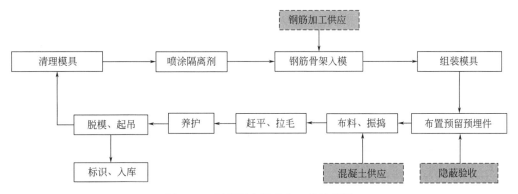

图 3-16　预制叠合梁生产工艺流程图

(2) 预制叠合梁生产各工序操作要点

预制叠合梁生产各工序操作要点见表 3-29。

预制叠合梁生产各工序操作要点　　　　　　　表 3-29

序号	工序	操作要点	图示
1	清模模台、模具	预制梁模具分为底模、侧模、端模、吊模四部分。清理模具时应清理模板大面及边角,清洁后的模具内,表面任何部位不得有积残物。模具在清除时使用抹布或钢丝球。清理完毕后进行喷涂隔离剂工序	
2	涂刷隔离剂	隔离剂必须均匀涂刷在钢模与混凝土的所有接触面上,做到无堆积、无遗漏。再在内外模板的侧面结合处底模连接处粘贴双面胶带以防漏浆	
3	钢筋骨架制作与安装(入模)	钢筋骨架制作要求参照第 2 章第 2.3 小节钢筋加工内容要求执行;入模后确保钢筋位置与间距准确,上角部用通长钢筋临时绑扎保证骨架的稳定性	

序号	工序	操作要点	图示
4	组装模具	安装端模,用螺栓或定位销连接,确认模具的安装无误后,固定牢固; 增加工装对箍筋进行限位,防止箍筋在浇捣过程中偏斜移位	
5	安装预留预埋件	根据构件工艺图核对预埋件种类、数量、型号; 安装时,应依次安装各类预埋件,防止错放、漏放;预埋件必须安装固定牢固,防止在浇捣过程中脱落、偏位; 各类预埋工装必须牢固、定位准确	
6	混凝土布料、浇筑	采用料斗布料,下料时注意布料均匀; 浇筑振捣时应确保混凝土密实无漏振,振动棒应尽量避免碰撞模板、钢筋和埋件,防止移位	
7	赶平、拉毛	混凝土叠合面应赶平压实; 混凝土初凝后,采用拉毛工具进行拉毛操作,粗糙面凹凸深度不应小于6mm	
8	养护	完成拉毛作业后应及时覆盖塑料薄膜,再罩上帆布养护罩进行自然养护或蒸汽养护	

序号	工序	操作要点	图示
9	脱模	把外模上部对拉连接螺杆放松,再松开各部位模具间的螺丝,垫木方轻击模具使构件与模具之间产生缝隙; 将吊模、端模拆除,若梁有横向插筋,需先将横向插筋一侧的外模拆下,才能起吊	
10	起吊	确认构件达到设计要求强度后,采用设计要求方式进行起吊。叠合梁长度较长、分段式预制等特殊要求时需要使用专用起吊器械,不可直接起吊	
11	标识、入库	预制梁产品对照图纸进行编号并标识,标识内容包括产品型号、生产日期、二维码等; 预制梁入库应按生产日期、产品编号、质量检验等级等标识分类存放和贮存,存放和贮存后其标识应外露,便于识别。预制梁存放和贮存应保证稳固并避免碰损和压断	

（3）预制梁生产制作重点控制项

1）梁侧边的箍筋保护层宽度是保证现场叠合板安装搁置的关键，在生产时应通过工装限位进行控制，见图 3-17 。

工装限位板

图 3-17　工装限位板安装示意图

2）对于分段式梁起吊时，应采用专用吊具，防止梁在吊运时破坏或发生安全事故，见图 3-18。

图 3-18　可调式专用吊具

5.预制叠合楼板生产工艺

预制叠合楼板可采用流水生产线和固定模台、长线模台等多种生产方式，其几何尺寸规整、结构简单，采用自动流水生产线生产更能体现其流水生产的优势和效率。

（1）预制叠合楼板生产工艺流程

预制叠合楼板生产工艺流程见图 3-19。

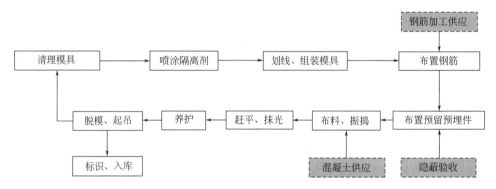

图 3-19　预制叠合楼板生产工艺流程图

（2）预制叠合楼板生产各工序操作要点

预制叠合楼板生产各工序操作要点见表 3-30。

预制叠合楼板生产各工序操作要点　　　　表 3-30

序号	工序	操作要点	图示
1	清理模台、模具；涂刷隔离剂；组模	参照清理模台、模具；涂刷隔离剂、组模工序操作方法	

序号	工序	操作要点	图示
2	布置钢筋	采用成品网片时,把成品网片直接放置在模具内,用垫块控制钢筋网片的保护层;桁架钢筋放置在钢筋网片的上部,用扎丝绑扎牢固; 非成品片的叠合板,按照工艺图上钢筋的布置顺序放置钢筋及桁架钢筋,人工绑扎钢筋,最外侧钢筋满扎,内部采用梅花状间距绑扎; 在模具外侧按照工艺图上外露钢筋的长度布置钢筋限位工装,通过工装控制好外露钢筋尺寸后,再进行绑扎等后续操作	
3	布置预埋件	叠合板吊环布置到位后,用扎丝与楼板钢筋绑扎牢固;采用桁架筋起吊的应在吊点位置按图纸要求安装加强筋,并在显著位置标注吊点位置; 线盒采用橡胶定位块固定在指定位置,用胶带封住线盒的接头; 洞口的预留采用工装进行固定	
4	布料、振捣	布料应均匀,适量; 振捣时需适时调整振动频率,防止混凝土分层、离析; 浇筑过程中应及时检查预埋件等是否有移位和倾斜情况,及时调整发生偏移的预埋件	
5	赶平、拉毛	赶平应平整密实,要求拉毛深度4mm	
6	养护	采用蒸汽或加热养护时,应有静置时间,升温速度不宜过快,防止升温过快造成裂缝的产生	

序号	工序	操作要点	图示
7	脱模、起吊	先拆除工装,解除模具与模台的固定措施,松开模具部件间连接螺栓,拆离模具; 确认板达到要求强度后方可起吊,对于尺寸较大、异形等特殊的板应采用专用起吊器械,不可用起吊设备直接起吊	
8	标识、入库	脱模完成应对板及时进行标识,标识要求清晰、准确;为保证准确及时识别,宜应板侧位置进行标识; 检验合格的板及时吊运至堆放区,采用水平叠放的方式放置	

（3）预制叠合楼板生产制作重点控制项

预制叠合楼板生产制作时应重点控制：预留预埋定位控制和产品起吊堆放控制。

6.预制楼梯（卧式）生产工艺

（1）预制楼梯（卧式）生产工艺流程

预制楼梯（卧式）生产工艺流程见图 3-20。

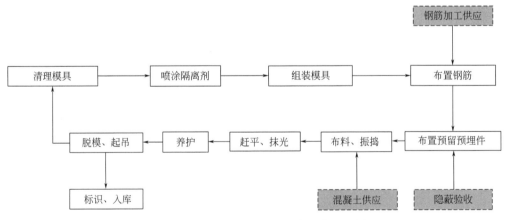

图 3-20　预制楼梯（卧式）生产工艺流程图

（2）预制楼梯（卧式）生产各工序操作要点

预制楼梯（卧式）生产各工序操作要点见表 3-31。

预制楼梯（卧式）生产各工序操作要点 表 3-31

序号	工序	操作要点	图示
1	清理模具、涂刷隔离剂、组装模具	卧式模具面多，清理时应注意边角处混凝土的清理，涂刷隔离剂时应注意涂刷均匀无遗漏；组装模具，用螺栓连接牢固、接触位置采取防漏浆措施	
2	布置钢筋、预埋件	根据工艺图要求，将相应规格、数量的横筋及纵筋分别布置在底模上，然后绑扎固定，网片下部放置保护层垫块；上层钢筋网下放置支架，确保钢筋位置准确，用拉筋将上下层钢筋网连接；楼梯踏步面及侧边预埋件通过模具预留孔连接固定；楼梯底面预埋件通过工装定位及固定	
3	布料、振捣	一般采用料斗布料，下料时注意布料均匀；采用振捣棒对混凝土进行振捣，防止钢筋加密区域及模具边角处漏振。消除混凝土气泡，保证密实	
4	赶平、抹光	用长于外楼梯板的刮尺，将表面进行赶平，木抹子抹光平整基面；混凝土初凝后用铁抹子将表面抹平整，保证平整度小于 3mm	
5	养护、脱模、起吊	采用蒸汽养护或自然养护方式进行构件养护；脱模时先拆除工装，再松开模具部件间连接螺栓，拆离模具；确认楼梯达到要求强度后，使用对应吊具旋入预留螺栓吊点，确认牢固，桁车行至构件正中位置，保证起吊垂直，无倾斜，缓慢将楼梯吊离模具面	

序号	工序	操作要点	图示
6	标识、入库	脱模完成应及时对楼梯进行标识； 检验合格的产品应及时吊运至堆放区，使用翻转架将楼梯翻转后，一般采用水平叠放的方式放置预制楼梯	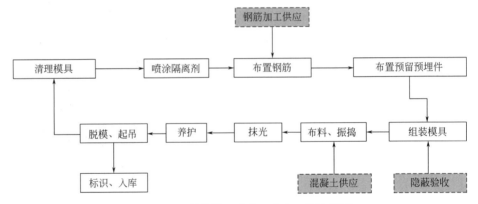

（3）预制楼梯（卧式）生产制作重点控制项

预制楼梯（卧式）生产制作时应重点控制：收光面的操作控制、起吊时的垂直、平衡控制以及翻转安全、成品保护控制。

7. 预制楼梯（立式）生产工艺

（1）预制楼梯（立式）生产工艺流程

预制楼梯（立式）生产工艺流程见图 3-21。

```
                                    ┌──────────┐
                                    │ 钢筋加工供应 │
                                    └────┬─────┘
                                         │
┌────────┐    ┌────────┐    ┌────────┐    ┌──────────┐
│ 清理模具 │───→│ 喷涂隔离剂 │───→│ 布置钢筋 │───→│ 布置预留预埋件 │
└────────┘    └────────┘    └────────┘    └────┬─────┘
     ↑                                           │
┌────────┐  ┌──────┐  ┌──────┐  ┌──────────┐  ┌────────┐
│ 脱模、起吊 │←│ 养护 │←│ 抹光 │←│ 布料、振捣 │←│ 组装模具 │
└────┬───┘  └──────┘  └──────┘  └────┬─────┘  └────┬───┘
     │                                │             │
┌────────┐                      ┌──────────┐  ┌────────┐
│ 标识、入库 │                    │ 混凝土供应 │  │ 隐蔽验收 │
└────────┘                      └──────────┘  └────────┘
```

图 3-21　预制楼梯（卧式）生产工艺流程图

（2）预制楼梯（立式）生产各工序操作要点

预制楼梯（立式）生产各工序操作要点见表 3-32。

预制楼梯（立式）生产各工序操作要点　　　　　　　表 3-32

序号	工序	操作要点	图示
1	清理模具、涂刷隔离剂	参照清理模具操作方法操作；对固定侧模、活动侧模、底模分别清洁，清洁后的模具，表面任何部位及边角不得有积残物，清理完毕后均匀喷涂隔离剂，不得有积液产生。拼装时在模具拼接处粘贴双面胶或橡胶板，以防漏浆	

序号	工序	操作要点	图示
2	布置钢筋和预埋件	按照图纸要求绑扎好钢筋,用起重设备将钢筋笼吊靠至固定侧模,控制好钢筋保护层; 预埋件采用螺栓穿过模具预留孔固定在模具上	
3	组装模具	将活动侧模吊或推至合拢位置,用螺栓及连接杆固定模具; 露在操作面的预埋件采用工装固定在正确位置; 组装过程中采取相应的防倾倒措施	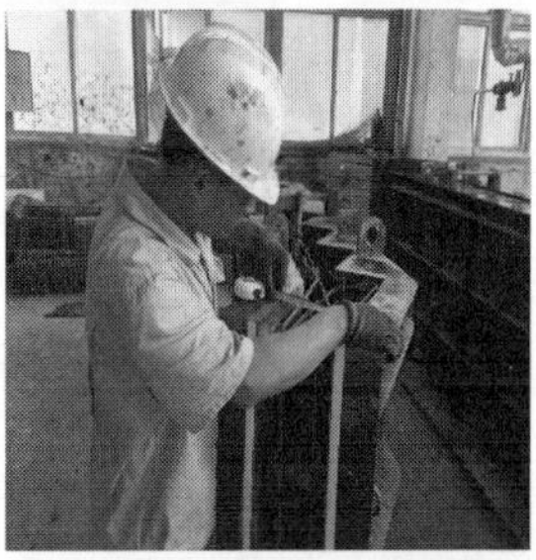
4	浇筑、振捣	混凝土应分层浇筑,每层混凝土厚度应不超过振动棒长度的 1.25 倍,混凝土必须振捣密实,振至混凝土与钢模接触处不再有喷射状气、水泡、表面翻浆为止,振捣每点振动时间控制在 10～20s 为宜,振动棒操作时要做到:"快插慢拔",防止混凝土产生分层、离析和孔洞	
5	抹光	立式生产楼梯外露混凝土面较小,采用铁抹抹平,保证平整	
6	养护	采用蒸汽养护或自然养护方式进行构件养护	
7	脱模	拆除工装,解除模具于模台的固定措施,松开模具部件间连接螺栓,拆离活动侧模	

续表

序号	工序	操作要点	图示
8	起吊	确认构件达到要求强度后方可起吊,楼梯吊运时,应保证吊点垂直平稳,严禁硬撬、斜拉,以免损造成损坏	
9	标识、入库	做好标识后,将构件吊运至堆放区,可采用水平叠放的方式放置预制楼梯	

（3）预制楼梯（立式生产）生产制作重点控制项

1）楼梯立式生产,侧立模涂刷隔离剂时应注意涂刷量,防止底模因流淌造成的堆积;

2）侧立面高度较高,模具内钢筋较密,混凝土应分层布料浇筑。最上段振捣浇筑时应注意石子下沉造成的局部砂浆层,防止局部裂纹和强度问题。

8.预制预应力板（短线台座法）生产工艺

（1）预制预应力板（短线台座法）生产工艺流程图

预制预应力板（短线台座法）生产工艺流程见图3-22。

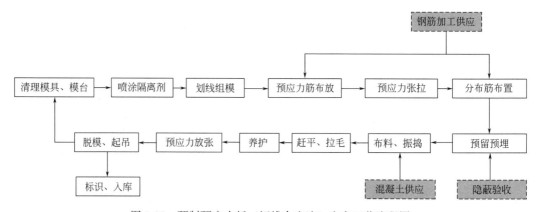

图3-22　预制预应力板（短线台座法）生产工艺流程图

（2）预制预应力板（短线台座法）生产各工序操作要点

预制预应力板（短线台座法）生产各工序操作要点见表3-33。

预制预应力板（短线台座法）生产各工序操作要点

表 3-33

序号	工序	操作要点	图示
1	清理模台、模具；涂刷隔离剂	模具、模台应清理干净，保证平整，表面 2m 长度内平整度不应大于 2mm； 隔离剂涂刷应均匀，无堆积，必须等干燥后方可布置预应力筋	
2	划线、组装模具	采用划线机或人工按照构件工艺图，在模台上进行划线，确定构件的外框形状与尺寸； 把预应力板的外框模具按照划线位置摆放、连接，检测合格后与模台固定； 锁筋板位置准确，底板的生产长度为净跨加两端搁置长度 30mm	
3	预应力钢丝布放、张拉	预应力钢丝采用 $\phi5$ 螺旋肋高强钢丝，吊钩采用 HPB300 级钢筋。主筋间距应均匀，安装时先人工调直，让主筋的初始状态基本一致，以保证整体张拉后，各根钢丝张拉应力偏差在允许范围内； 预应力钢丝采用一次性张拉工艺，即超张拉，张拉力为 $0 \sim 1.03\sigma_{con}$，$\sigma_{con} = 0.6f_{ptk}$； 高强精轧螺纹钢筋与活动张拉板连接固定，该精轧螺纹钢筋穿入固定在钢模台端部的固定端板，通过两台电动液压千斤顶对高强精轧螺纹钢筋带动多根钢丝同步整体张拉，并锁紧螺母保持设计所需的张拉力	
4	布置分布筋	预应力主筋混凝土保护层厚度应满足设计要求。分布筋应均匀布置、平整，无扭曲变形，绑扎牢固。叠合板底板两端分布筋应按设计要求规定加密。吊筋的规格、位置应符合有关规范要求。洞口、拐角等薄弱位置应按构造要求加强配筋	
5	布料、振捣	使用布料机进行布料，控制混凝土的坍落度在 $6 \sim 8cm$； 用振动台将混凝土振捣密实，不得采用振动棒，防止扰动预应力钢筋，影响模具稳定性	

序号	工序	操作要点	图示
6	赶平、拉毛	用赶平机进行赶平,之后用抹光机进行收光; 用拉毛机或人工方式进行扫毛处理,拉毛划痕深度为4~6mm的粗糙面	
7	养护、预应力钢丝放张	采用蒸汽养护时,应分为静停、升温、恒温和降温四个养护阶段。需要控制静停时间、升温速度、降温速度、恒温时的最高温度; 放张预应力钢丝时采取整体缓慢放张,放张时的混凝土立方体抗压强度不应低于设计混凝土强度等级值的75%	
8	脱模、起吊	解除模具与模台的固定措施,松开模具部件间连接螺栓,拆离模具; 较大尺寸板应采用专用起吊器械进行起吊操作	
9	标识、入库	参照预制叠合楼板标识要求做好标记后,将检验合格构件吊至堆放区,采用水平叠放的方式放置	

(3) 预制预应力板（短线台座法）生产制作重点控制项

1) 预制预应力板（短线台座法）生产工艺原理

首先预应力高强钢丝套上钢环垫片,两端做镦头处理,可以形成简单易行的钢丝镦头锚。在钢模台上按设计要求布放若干平行排列设置的预应力钢丝,预应力钢丝一端由设置在钢模台上的锁筋板固定,另一端由设置在钢模台上的活动张拉板固定。两根高强精轧螺纹钢筋与活动张拉板连接固定,该精轧螺纹钢筋穿入固定在钢模台端部的固定端板,通过两台电动液压千斤顶对高强精轧螺纹钢筋带动多根钢丝同步整体张拉,并锁紧螺母保持设计所需的张拉力,见图3-23。

2) 预制预应力叠合板如需开洞,需在工厂生产中先在板内预留孔洞（孔洞内预应力钢筋暂不切断）,混凝土浇筑时留出孔洞,混凝土达到强度后切除孔洞内预应力钢筋。洞口处加强钢筋及开洞板承载能力由设计人员根据实际情况进行设计。

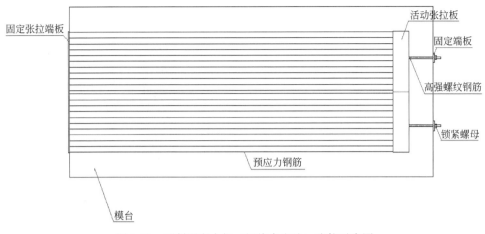

图 3-23　预制预应力板（短线台座法）张拉示意图

9.预制预应力板（长线台座法）生产工艺

（1）预制预应力板（长线台座法）生产工艺流程

预制预应力板（长线台座法）生产工艺流程见图 3-24。

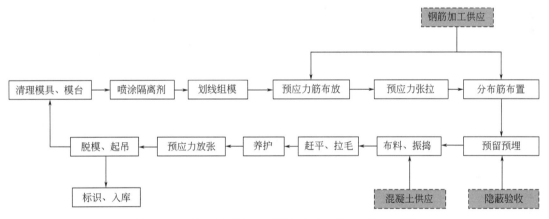

图 3-24　预制预应力板（长线台座法）生产工艺流程图

（2）预制预应力板（长线台座法）生产各工序操作要点

预制预应力板（长线台座法）生产各工序操作要点见表 3-34。

预制预应力板（长线台座法）生产各工序操作要点　　　　　表 3-34

序号	工序	操作要点	图示
1	清模模台、模具;涂刷隔离剂	参照短线台座法操作相关要求	

序号	工序	操作要点	图示
2	安装预应力筋	使用梳筋架将通长预应力筋调放入位,预应力筋间距应均匀,安装时先人工调直,让主筋的初始状态基本一致,以保证整体张拉后,各根钢丝张拉应力偏差在允许范围内; 预应力钢丝保护层厚度严格按设计要求控制	
3	预应力钢丝张拉	预应力钢丝采用一次性张拉工艺,即 $0\sim1.03\sigma_{con}$,$\sigma_{con}=0.8f_{ptk}$; 预应力钢丝张拉后,每台座抽检不少于 5 根钢丝的实际张拉应力。张拉应力允许偏差控制在 $\pm5\%$ 内	
4	组装模具	长度方向锁筋定位板位置准确,定位牢固。宽度方向按照划线位置摆放磁吸边模连接,检测合格后与模台固定	
5	分布筋布置、预留预埋	分布筋按照设计要求均匀布置、平整,无扭曲变形。两端分布筋应按设计要求规定加密,采用扎丝绑扎牢固; 洞口、拐角等薄弱位置按构造要求加强配筋	
6	混凝土浇筑	操作布料振捣一体机进行布料并振动,控制混凝土的坍落度在 $60\sim80mm$	
7	赶平、拉毛	使用人工进行赶平压实。叠合板厚度应严格控制在规范允许偏差范围内; 用拉毛机进行扫毛处理,划痕深度为 $4\sim6mm$ 的粗糙面	

序号	工序	操作要点	图示
8	养护	采用篷布覆盖、蒸汽养护方式,确保混凝土强度	
9	预应力钢丝放张、剪筋	放张预应力钢丝,采取整体缓慢放张,放张时的混凝土立方体抗压强度不应低于设计混凝土强度等级值的75%; 剪筋时应从张拉端开始逐一向锚固端进行	
10	脱模、起吊	解除边模的固定措施,拆离模具;采用常规起吊方式进行起吊操作,特殊要求板则按专项方案执行	
11	标识、入库	参照预制叠合楼板标识要求做好标记后,将检验合格构件吊运至堆放区,采用水平叠放的方式放置	

（3）预制板（长线台座法）生产制作重点控制措施

1）预应力张拉

预应力筋采用一次性张拉,即超张拉,张拉力为 $0 \sim 1.03\sigma_{con}$, $\sigma_{con} = 0.8 f_{ptk}$ （考虑长线预应力损失）。过程采用张拉力与伸长值两个控制指标进行控制,以张拉力控制（张拉油表值控制、应力检验）为主,以伸长值为辅进行校核;张拉应力允许偏差控制在 $\pm 5\%$ 内,见图 3-25。

(a) 张拉端　　　　　　　　(b) 固定端　　　　　　　　(c) 应力检验

图 3-25　预应力张拉、检验示意图

2) 预制预应力叠合板配筋

预制预应力叠合板配筋示意图见图 3-26。

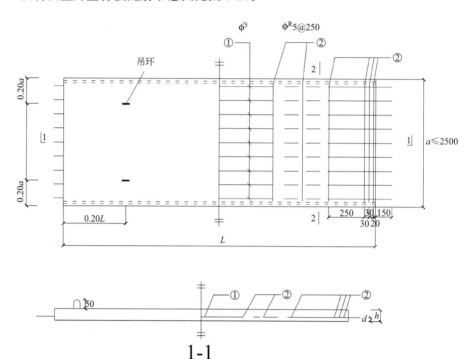

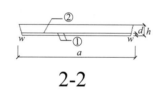

表：预应力筋保护层厚度

板厚度	保护层厚度
50	20
60	20

图 3-26 预制预应力叠合板配筋示意图
①—预应力钢丝；②—分布筋

10. 其他构件生产工艺

其他一般构件生产可参照通用工艺流程及相应操作方法组织生产，特殊异形构件应制定专门模具方案、工艺方案、生产控制方案，按相应要求组织生产。

3.4 生产过程质量管理

3.4.1 一般规定

（1）预制构件生产企业应根据构件型号、形状、重量等特点制定相应的工艺流程和生产方案，明确质量要求和控制要点，对预制构件进行生产全过程质量控制和管理。

（2）在预制构件生产前应对各工序进行技术交底，上道工序未经检查验收合格，不得进行下道工序。

（3）预制构件混凝土浇筑前，应按设计要求对隐蔽工程进行验收。验收合格后，才能进行混凝土施工。生产隐蔽验收项目应包括下列主要内容：

1）钢筋的牌号、规格、数量、位置、间距等；

2）纵向受力钢筋的连接方式、接头位置、接头质量、接头面积百分率、搭接长度等；

3）箍筋弯钩的弯折角度及平直段长度；

4）预理件、吊环、插筋的规格、数量、位置等；

5）灌浆套筒（预留孔洞）的规格、数量、位置等；

6）防止混凝土浇捣时向灌浆套筒内漏浆的封堵措施；

7）钢筋的混凝土保护层厚度；

8）夹心外墙板的保温层位置、厚度，拉结件的规格、数量、位置等；

9）预埋管线、线盒的规格、数量、位置及固定措施。

（4）预制混凝土构件的制作和养护应符合《装配式混凝土结构技术规程》JGJ 1、《装配式混凝土建筑技术标准》GB/T 51231、《混凝土结构工程施工规范》GB 50666 和《混凝土结构工程施工质量验收规范》GB 50204 的规定以及设计和生产方案的要求。

（5）预制构件质量检查常用检验工具见表3-35。

常用检验工具一览表　　　　　　　　　　　　　　表3-35

项次	检测工具名称	图例
1	2m靠尺	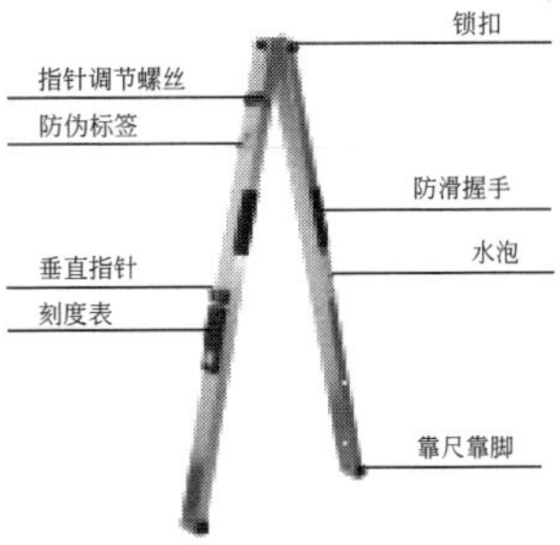
2	卷尺（5～30m）	
3	棉线	

项次	检测工具名称	图例
4	塞片	
5	塞尺	
6	钢直尺（30cm）	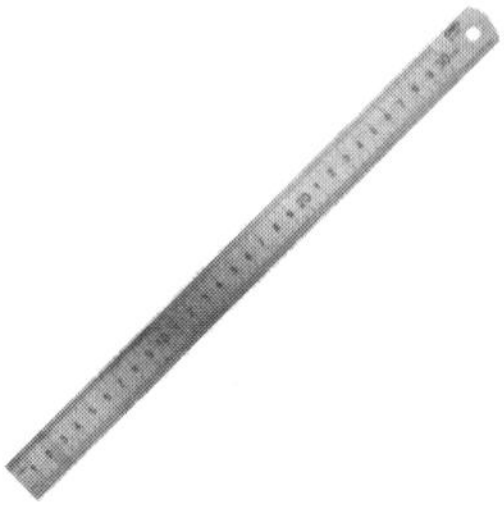
7	坍落度检测桶	
8	混凝土强度回弹仪	

3.4.2 生产各工序质量控制标准和要求

1. 模具检查

模具进厂时，应对模具所有部件进行验收；模具组装定位后必须按照图纸进行检查验收并合格。模具检查见图 3-27。

模具安装完成后的检查内容和要求如下：

（1）模具应具有足够的刚度、强度和稳定性，模具组装完成后的允许误差检验标准和检验方法应符合《装配式混凝土建筑技术标准》GB/T 51231 中 9.3.3 条的规定，见表 3-36；

（2）模具各拼缝部位应无明显缝隙，安装牢固，连接螺栓和定位销无遗漏；

图 3-27　模具检查验收

（3）模具薄弱部位应有加强措施，防止过程中发生变形；

（4）工装架、定位板等应位置准确，安装牢固；

（5）应检查模具组装后的状态，垂直面的垂直度必须满足要求；

（6）预制构件中预埋门窗框时，应在模具上设置限位装置进行固定，并应逐件检验。模具上门窗框允许偏差和检验方法见表 3-37；

（7）组装时应进行表面清洁、涂刷隔离剂，模板接触面不应有划痕、锈蚀等现象。

<table>
<tr><td colspan="5">预制构件模具尺寸允许偏差和检验方法　　　　　　　　表 3-36</td></tr>
</table>

项次	检验项目、内容		允许偏差（mm）	检验方法
1	长度	≤6m	1，−2	用尺测量两端或中部，取其中偏差绝对值较大处用尺量平行构件高度方向，取其中偏差绝对值较大处
		>6m 且≤12m	2，−4	
		>12m	3，−5	
2	宽度、高（厚）度	墙板	1，−2	用尺测量两端或中部，取其中偏差绝对值较大处
3		其他构件	2，4	
4	底模表面平整度		2	用 2m 靠尺和塞尺量
5	对角线差		3	用尺量对角线
6	侧向弯曲		L/1500 且≤5	拉线，用钢尺量测侧向弯曲最大处
7	翘曲		L/1500	对角拉线测量交点间距离值的两倍
8	组装缝隙		1	用塞片或塞尺量测取最大值
9	端模与侧模高低差		1	用钢尺量

注：L 为模具与混凝土接触面中最长边的尺寸。

<table>
<tr><td colspan="3">模具上门窗框允许偏差和检验方法　　　　　　　　表 3-37</td></tr>
</table>

项目		允许偏差（mm）	检验方法
锚固脚片	中心线位置	5	钢尺检查
	外露长度	+5,0	钢尺检查
门窗框位置		2	钢尺检查
门窗框高、宽		±2	钢尺检查
门窗框对角线		±2	钢尺检查
门窗框的平整度		2	钢尺检查

2.隔离剂涂刷检查

（1）涂刷隔离剂前应仔细检查模具表面是否清理，应去除残渣、浮灰、颗粒杂质等，确保模具表面干爽洁净。

（2）隔离剂涂刷时应涂刷均匀，无堆积、无漏涂。采用自动喷涂设备喷涂时，应随时查看隔离剂喷涂情况，发现喷涂效果变化时应及时进行调整。

3.钢筋入模检查

（1）预制构件使用的钢筋必须进行复检，复检合格后方可使用。

（2）钢筋、钢筋骨架、钢筋网片入模检查验收内容：

1）钢筋的品种、等级、规格、长度、数量、间距，箍筋弯钩的弯折角度及平直段长度；

2）钢筋的连接方式、接头位置、接头数量、接头面积百分率、搭接长度、锚固方式、锚固长度；

3）拉钩、马凳或架立钢筋应按规定的间距和形式布置，并绑扎安装牢固；

4）钢筋骨架钢筋保护层厚度，保护层垫块的布置形式和数量；

5）伸出钢筋的伸出位置、伸出长度、伸出方向、定位及控制变形措施；

6）钢筋骨架入模时应平直、无损伤，表面不得有油污、锈蚀；

7）钢筋骨架尺寸、骨架吊装时的吊点，防止骨架变形措施；

8）钢筋连接套筒、拉结件、预埋件等。

（3）钢筋加工的形状、尺寸应符合设计要求，其允许误差检验标准和检验方法应符合《混凝土结构工程施工质量验收规范》GB 50204 中 5.3.5 条的规定，见表 3-38。

钢筋加工允许偏差允许偏差及检验方法   表 3-38

项次	项目	允许偏差（mm）	检验方法
1	受力钢筋沿长度方向的净尺寸	±10	钢尺检查
2	弯起钢筋的弯折位置	±20	钢尺检查
3	箍筋外廓尺寸	±5	钢尺检查

（4）钢筋骨架、钢筋网片允许误差检验标准和检验方法应符合《装配式混凝土建筑技术标准》GB/T 51231 中 9.4.3 条的规定，见表 3-39、表 3-40。

钢筋网片或钢筋骨架尺寸允许偏差及检验方法   表 3-39

项目		允许偏差（mm）	检验方法
钢筋骨架	长、宽	±5	钢尺检查
	网眼尺寸	±10	钢尺量连续三挡，取最大值
	对角线	5	钢尺检查
	端头不齐	5	钢尺检查
	长	0，−5	钢尺检查
	宽	±5	钢尺检查
	高（厚）	±5	钢尺检查

项目		允许偏差(mm)	检验方法
钢筋骨架	主筋间距	±5	钢尺量两端,中间各一点,取最大值
	主筋排距	±5	钢尺量两端,中间各一点,取最大值
	箍筋间距	±5	钢尺量连续三挡,取最大值
	弯起点位置	15	钢尺检查
	端头不齐	5	钢尺检查
保护层	柱、梁	±5	钢尺检查
	板、墙	±3	钢尺检查

钢筋桁架尺寸允许偏差　　　　　　　　　　　　表 3-40

项次	检验项目	允许偏差(mm)
1	长度	总长度的±0.3%,且不超过±10
2	高度	+1,-3
3	宽度	±5
4	扭翘	≤5

4.预埋件(预留孔洞)检查

连接套筒、预埋件、拉结件、预留孔洞应按构件设计制作图进行配置,满足吊装、施工的安全性、耐久性和稳定性要求。钢筋检查、预埋件检查验收见图 3-28。

(1)预埋件检查验收内容:

1)预埋件的品种、型号、规格、长度、数量、埋设间距;

2)预埋件的外观质量(无明显变形、损坏、螺纹、丝扣有无损坏);

3)预埋件的安装形式、安装方向、牢固度;

4)预留孔洞的位置、尺寸、垂直度、固定方式;

5)预埋件底部及预留孔洞周边的加强筋规格、长度、固定措施;

6)预埋件与钢筋、模具的连接情况;

7)垫片、橡胶圈、密封圈等配件的安装情况。

(2)预埋件安装的允许偏差及检验方法应符合《装配式混凝土建筑技术标准》GB/T 51231 中 9.3.4 条的规定,见表 3-41。

预埋件、预留孔洞安装允许偏差及检验方法　　　　　　表 3-41

项次	检验项目		允许偏差(mm)	检验方法
1	预埋钢板、建筑幕墙用槽式预埋组件	中心线位置	3	用尺量测纵横两个方向的中心线位置,取其中较大值
		平面高差	±2	钢直尺和塞尺检查
2	预埋管、电线盒、电线管水平和垂直方向的中心线位置偏移、预留孔、浆锚搭接预留管(或波纹管)		2	用尺量测纵横两个方向的中心线位置,取其中较大值

项次	检验项目		允许偏差（mm）	检验方法
3	插筋	中心线位置	3	用尺量测纵横两个方向的中心线位置，取其中较大值
		外露长度	±10,0	用尺量测
4	吊环	中心线位置	3	用尺量测纵横两个方向的中心线位置，取其中较大值
		外露长度	0，—5	用尺量测
5	预埋螺栓	中心线位置	2	用尺量测纵横两个方向的中心线位置，取其中较大值
		外露长度	+5,0	用尺量测
6	预埋螺母	中心线位置	2	用尺量测纵横两个方向的中心线位置，取其中较大值
		平面高差	±1	钢直尺和塞尺检查
7	预留洞	中心线位置	3	用尺量测纵横两个方向的中心线位置，取其中较大值
		尺寸	+3,0	用尺量测纵横两个方向的中心线位置，取其中较大值
8	灌浆套筒及连接钢筋	灌浆套筒中心线位置	1	用尺量测纵横两个方向的中心线位置，取其中较大值
		连接钢筋中心线位置	1	用尺量测纵横两个方向的中心线位置，取其中较大值
		连接钢筋外露长度	+5,0	用尺量测

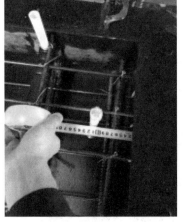

图 3-28　钢筋检查、预埋件检查验收

5. 预应力构件

预制预应力构件生产质量控制标准应满足设计要求，并应符合《混凝土结构工程施工规范》GB 50666 等现行国家标准的有关规定。其相关控制要求见表 3-42。

预应力构件生产质量控制要求一览表　　　　　　　表 3-42

项次	项目	控制要求
1	预应力张拉台座	具有足够的承载力、刚度及整体稳固性,应能满足各阶段荷载要求和生产工艺的要求
2	预应力筋下料	1.预应力筋的下料长度应根据台座的长度、锚夹具长度等经过计算确定;下料尺寸准确; 2.预应力筋应使用砂轮锯或切断机等机械方法切断,不得采用电弧或气焊切断; 3.钢丝墩头及下料长度偏差应符合下列规定: (1)墩头的头型直径不宜小于钢丝直径的 1.5 倍,高度不宜小于钢丝直径; (2)墩头不应出现横向裂纹; (3)当钢丝束两端均采用墩头锚具时,同一束中各根钢丝长度的极差不应大于钢丝长度的 1/5000,且不应大于 5mm;当成组张拉长度不大于 10m 的钢丝时,同组钢丝长度的极差不得大于 2mm
3	预应力筋的安装、定位和保护层厚度	应符合设计要求(模外张拉工艺的预应力筋保护层厚度可用梳筋条槽口深度或端头垫板厚度控制)
4	预应力筋张拉设备及压力表	1.张拉设备和压力表应配套标定和使用,标定期限不应超过半年;当使用过程中出现反常现象或张拉设备检修后,应重新标定; 2.压力表的量程应大于张拉工作压力读值,压力表的精确度等级不应低于 1.6 级; 3.标定张拉设备用的试验机或测力计的测力示值不确定度不应大于 1.0%; 4.张拉设备标定时,千斤顶活塞的运行方向应与实际张拉工作状态一致
5	预应力筋的张拉控制应力	张拉控制应力应符合设计及专项方案的要求。当需要超张拉时,调整后的张拉控制应力 σ_{con} 应符合下列规定: 1.消除应力钢丝、钢绞线 $\sigma_{con} \leqslant 0.80 f_{ptk}$ 2.中强度预应力钢丝 $\sigma_{con} \leqslant 0.75 f_{ptk}$ 3.预应力螺纹钢筋 $\sigma_{con} \leqslant 0.90 f_{pyk}$ 式中　σ_{con}——预应力筋张拉控制应力; 　　　f_{ptk}——预应力筋极限强度标准值; 　　　f_{pyk}——预应力螺纹钢筋屈服强度标准值

项次	项目	控制要求
6	预应力筋张拉	1.应根据预制构件受力特点、施工方便及操作安全等因素确定张拉顺序； 2.宜采用多根预应力筋整体张拉；单根张拉时应采取对称和分级方式，按照校准的张拉力控制张拉精度，以预应力筋的伸长值作为校核； 3.对预制屋架等平卧叠浇构件，应自上而下逐榀张拉； 4.预应力筋张拉时，应从零拉力加载至初拉力后，量测伸长值初读数，再以均匀速率加载至张拉控制力； 5.张拉过程中应避免预应力筋断裂或滑脱； 6.预应力筋张拉锚固后，应对实际建立的预应力值与设计给定值的偏差进行控制；应以每工作班为一批，抽查预应力筋总数的1%，且不少于3根； 7.采用应力控制方法张拉时，应校核最大张拉力下预应力筋伸长值。实测伸长值与计算伸长值的偏差应控制在±6%之内，否则应查明原因并采取措施后再张拉
7	预应力筋放张	1.预应力筋放张时，混凝土强度应符合设计要求，且同条件养护的混凝土立方体抗压强度不应低于设计混凝土强度等级值的75%；采用消除应力钢丝或钢绞线作为预应力筋的先张法构件，尚不应低于30MPa； 2.放张前，应将限制构件变形的模具拆除； 3.宜采取缓慢放张工艺进行整体放张； 4.对受弯或偏心受压的预应力构件，应先同时放张预压应力较小区域的预应力筋，再同时放张预压应力较大区域的预应力筋； 5.单根放张时，应分阶段、对称且相互交错放张； 6.放张后，预应力筋的切断顺序，宜从放张端开始逐次切向另一端

6.混凝土搅拌、浇筑检查

(1) 混凝土搅拌机整机性能应保持良好运行状态，称量精度应符合混凝土技术规程的规定。混凝土应按照混凝土配合比通知单进行生产，原材料每盘称量的允许误差应符合《装配式混凝土建筑技术标准》GB/T 51231中9.6.3条的规定，见表3-43。

混凝土原材料每盘称量的允许偏差　　　　　　　　　　　　表3-43

项次	材料名称	允许偏差
1	胶凝材料	±2%
2	粗、细骨料	±3%
3	水、外加剂	±1%

(2) 严格按照混凝土配合比拌制混凝土，控制混凝土从搅拌机卸出到浇筑完毕的延续时间，延续时间不宜超过表3-44的规定。

混凝土出机到浇筑完毕的延续时间　　　　　　　　表 3-44

气　温	延续时间(min)
≤25℃	45
>25℃	30

（3）拌和质量控制

混凝土拌和相应状况条件下的质量控制方法和要求见表 3-45。

混凝土拌和质量控制方法和要求　　　　　　　　表 3-45

项次	状况条件	方法和要求
1	一般状况	1.混凝土应按生产当时需用的数量拌和，已初凝的混凝土严禁加水或其他办法改变混凝土的稠度； 2.拌和设备具备全自动控制系统，搅拌主机门密封性能良好，搅拌叶片无缺损，始终保持良好的状况； 3.混凝土拌和时确保各种组合材料搅拌成分布均匀、颜色一致的混合物。最短连续搅拌时间应达到120s； 4.每盘混凝土拌合料的体积不得超过搅拌机的额定容量，确保搅拌均匀； 5.在下盘材料装入前，全部出空搅拌筒内的拌合料。搅拌设备停用超过30min时，须将搅拌筒内彻底清洗，方可继续拌和新混凝土； 6.加强搅拌站的日常巡查和定期检修，确保搅拌站始终保持完好
2	高温季节	高温季节采用下列措施保证混凝土入模温度低于32℃，确保混凝土质量： 1.对砂石料场及上料输送带进行遮阴式围盖处理； 2.采用全封闭搅拌站，对配料、运送及其他设备进行遮阴； 3.采用深井内温度较低的水作为拌和用水，并对水管和储水箱进行遮阴，以保证混凝土出机温度低于30℃
3	寒冷季节	在寒冷季节配制混凝土时，须保证出机温度大于12℃，入模温度不低于5℃，拟采取以下措施予以保证： 1.骨料不得带有冰块和冻结团块，必要时在骨料料仓内通蒸气对骨料进行加热，且应严格控制配合比和坍落度； 2.寒冷气候拌制混凝土时宜对水箱进行保温或采用蒸汽对水进行加热，水温控制在60℃以内，搅拌时，先用热水冲洗拌机，投料顺序为骨料、水（外加剂）先搅拌，再加水泥及掺合料； 3.寒冷气候拌制混凝土时，搅拌时间应比常规增加30s； 4.特别严寒气候，应特别注意，可能危及混凝土质量时，应停止生产

（4）混凝土浇筑

1）混凝土浇筑前应进行模具拼装尺寸、隐蔽工程查验，查验内容包括模具拼装精度、钢筋骨架、钢筋网片、保护层厚度、预埋件、拉结件、吊具、预留孔洞等。

2）混凝土振捣时应确保混凝土密实、无漏振。同时应避免碰撞模板、钢筋、埋件等，防止变形和移位，如有偏差应采取措施及时纠正。

7.预制构件养护要求

（1）自然养护

采用自然养护（气温高于5℃）时，需对混凝土采取覆盖、浇水湿润、挡风、保温等养护措施。混凝土浇筑完毕或压面工序完成后应及时覆盖保湿，脱模前不得揭开。

（2）蒸汽养护

采用蒸汽养护时，应分为静停、升温、恒温和降温四个养护阶段。需要控制静停时间、升温速度、降温速度、恒温时的最高温度，混凝土成型后的静停时间不宜少于2h，升温速度不宜超过25℃/h，降温速度不宜超过20℃/h，最高和恒温温度不宜超过70℃。混凝土构件在出窑或撤除养护措施前，应进行温度测量，当表面与外界温差不大于20℃时，构件方可出窑或撤除养护措施。养护系统监控见图3-29。

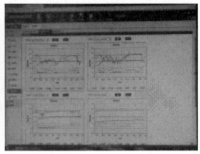

图 3-29　养护系统监控

（3）成品构件的养护

预制构件在成品堆场时，同样要做好浇水养护工作。对于硅酸盐、普通硅酸盐水泥配制的混凝土养护龄期不宜少于7d，对于掺加矿物掺合料的混凝土，养护龄期不宜少于14d。浇水养护见图3-30。

构件不宜露天堆放，夏天要做好防晒和保湿工作；冬季要做好覆盖保温工作。日均气温低于5℃时，不宜采用浇水养护的方式。

8. 预制构件脱模要求

（1）预制构件脱模起吊时，混凝土强度必须符合设计要求。当设计无专门要求时，不应小于设计混凝土强度等级值的75％，且

图 3-30　浇水养护

不应小于15MPa；

（2）预制预应力构件放张脱模时，混凝土强度应符合设计要求，且同条件养护的混凝土立方体抗压强度不应低于设计混凝土强度等级值的75％；采用消除应力钢丝或钢绞线作为预应力筋的先张法构件，尚不应低于30MPa。

3.5　成品质量管理

3.5.1　构件成品检查与验收

1. 一般规定

（1）对工厂生产的预制构件，进场时应检查其质量证明文件和表面标识。预

制构件的质量、标识应符合国家现行相关标准、设计的有关要求。检查数量：全数。

质量证明文件包括：产品合格证、混凝土强度检验报告、各类原材料及构件制作过程中按相关规范进行检验报告。需要进行结构性能检验的预制构件，尚应提供有效的结构性能检验报告，结构性能检验要求和检验方法参照《混凝土结构工程施工质量验收规范》GB 50204 的规定以及设计和生产方案的要求。

（2）预制构件的外观质量不应有严重缺陷，且不应有影响结构性能和安装、使用功能的尺寸偏差。不应有一般缺陷，对已经出现的一般缺陷，应按技术处理方案进行处理，并重新检查验收。检查数量：全数。检验方法：观察，尺量检查。

（3）预制构件上的预埋件、预留插筋、预埋管线等的规格和数量及预留孔、预留洞的数量应符合设计要求。检查数量：全数。检验方法：观察。

（4）预制构件的粗糙面质量及键槽数量应符合设计要求。检查数量：全数。检验方法：观察。

2.外观质量检查

构件外观质量缺陷分类，见表 3-46。

构件外观质量缺陷分类   表 3-46

名称	现　象	严重缺陷	一般缺陷
露筋	构件内钢筋未被混凝土包裹而外露	纵向受力钢筋有露筋	其他钢筋有少量露筋
蜂窝	混凝土表面缺少水泥浆而形成石子外露	构件主要受力部位有蜂窝	其他部位有少量蜂窝
孔洞	混凝土中孔穴深度和长度均超过保护层厚度	构件主要受力部位有孔洞	其他部位有少量孔洞
夹渣	混凝土中夹有杂物且深度超过保护层厚度	构件主要受力部位有夹渣	其他部位有少量夹渣
疏松	混凝土中局部不密实	构件主要受力部位有疏松	其他部位有少量疏松
裂缝	缝隙从混凝土表面延伸至混凝土内部	构件主要受力部位有影响结构性能或使用功能的裂缝	其他部位有少量不影响结构性能或使用功能的裂缝
连接部位缺陷	构件连接处混凝土缺陷及连接钢筋、连接铁件松动	连接部位有影响结构传力性能的缺陷	连接部位有基本不影响结构传力性能的缺陷
外形缺陷	缺棱掉角、棱角不直、翘曲不平、飞出凸肋等	清水混凝土构件内有影响使用功能或装饰效果的外形缺陷	其他混凝土构件有不影响使用功能的外形缺陷
外表缺陷	构件表面麻面、掉皮、起砂、沾污等	具有重要装饰效果的清水混凝土构件有外表缺陷	其他混凝土构件有不影响使用功能的外表缺陷

3.预制构件尺寸检查

预制构件尺寸偏差及预留孔、预留洞、预埋件、预留插筋、键槽的位置和检验方法应符合表 3-47~表 3-50 的规定。预制构件有粗糙面时，与预制构件粗糙面相关的尺寸允许偏差可放宽 1.5 倍。

（1）预制楼板类构件

预制楼板类构件外形尺寸允许偏差及检验方法　　　　表 3-47

项次	项目			允许偏差(mm)	检验方法
1	规格尺寸	长度	＜12m	±5	用尺量两端及中间部位,取其中偏差绝对值较大值
			≥12m 且＜18m	±10	
			≥18m	±20	
2		宽度		±5	用尺量两端及中间部位,取其中偏差绝对值较大值
3		厚度		±5	用尺量四角和四边中部位置共8处,取其中偏差绝对值较大值
4		对角线		6	在构件表面,用尺量两对角线的长度,取其中偏差绝对值较大值
5	外形	表面平整度	内表面	4	用 2m 靠尺安放在构件表面上,用楔形塞尺量测靠尺与表面之间的最大缝隙
			外表面	3	
6		楼板侧向弯曲		L/750 且≤20mm	拉线,钢尺量最大弯曲处
7		扭翘		L/750	四对角拉两条线,量测两线交点之间的距离,其值的 2 倍为扭翘值
8	预埋件	预埋钢板	中心线位置偏差	5	用尺量测纵横两个方向的中心线位置,取其较大值
			平面高差	0,−5	用尺靠在预埋件上,用楔形塞尺量测预埋件平面与混凝土面的最大缝隙
9		预埋螺栓	中心线位置偏移	2	用尺量测纵横两个方向的中心线位置,取其较大值
			外露长度	+10,−5	用尺量
10		预埋线盒、电盒	在构件平面的水平方向中心位置偏差	10	用尺量
			与构件表面混凝土高差	0,−5	用尺量
11	预留孔		中心线位置偏移	5	用尺量测纵横两个方向的中心线位置,取其较大值
			孔尺寸	±5	用尺量测纵横两个方向尺寸,取其最大值

项次	项目		允许偏差(mm)	检验方法
12	预留洞	中心线位置偏移	5	用尺量测纵横两个方向的中心线位置,取其较大值
		洞口尺寸、深度	±5	用尺量测纵横两个方向尺寸,取其最大值
13	预留插筋	中心线位置偏移	3	用尺量测纵横两个方向的中心线位置,取其较大值
		外露长度	±5	用尺量
14	吊环、木砖	中心线位置	10	用尺量测纵横两个方向的中心线位置,取其较大值
		留出高度	0,−10	用尺量
15	桁架筋高度		+5,0	用尺量

（2）预制墙板类构件

预制墙板类构件外形尺寸允许偏差及检验方法　　　　　　表 3-48

项次	项目			允许偏差(mm)	检验方法
1	规格尺寸		高度	±4	用尺量两端及中间部位,取其中偏差绝对值较大值
2			宽度	±4	用尺量两端及中间部位,取其中偏差绝对值较大值
3			厚度	±3	用尺量四角和四边中部位置共8处,取其中偏差绝对值较大值
4			对角线	5	在构件表面,用尺量两对角线的长度,取其中偏差绝对值较大值
5	外形	表面平整度	内表面	4	用2m靠尺安放在构件表面上,用楔形塞尺量测靠尺与表面之间的最大缝隙
			外表面	3	
6			侧向弯曲	$L/1000$ 且 ≤20mm	拉线,钢尺量最大弯曲处
7			扭翘	$L/1000$	四对角拉两条线,量测两线交点之间的距离,其值的2倍为扭翘值

项次	项目		允许偏差(mm)	检验方法
8	预埋部件	预埋钢板		
		中心线位置偏移	5	用尺量测纵横两个方向的中心线位置,取其较大值
		平面高差	0,−5	用尺靠在预埋件上,用楔形塞尺量测预埋件平面与混凝土面的最大缝隙
9		预埋螺栓 中心线位置偏移	2	用尺量测纵横两个方向的中心线位置,取其较大值
		外露长度	+10,−5	用尺量
10		预埋套筒、螺母 中心线位置偏移	2	用尺量测纵横两个方向的中心线位置,取其较大值
		平面高差	0,−5	用尺量
11	预留孔	中心线位置偏移	5	用尺量测纵横两个方向的中心线位置,取其较大值
		孔尺寸	±5	用尺量测纵横两个方向尺寸,取其最大值
12	预留洞	中心线位置偏移	5	用尺量测纵横两个方向的中心线位置,取其较大值
		洞口尺寸、深度	±5	用尺量测纵横两个方向尺寸,取其最大值
13	预留插筋	中心线位置偏移	3	用尺量测纵横两个方向的中心线位置,取其较大值
		外露长度	±5	用尺量
14	吊环、木砖	中心线位置偏移	10	用尺量测纵横两个方向的中心线位置,取其较大值
		留出高度	0,−10	用尺量
15	键槽	中心线位置偏移	5	用尺量测纵横两个方向的中心线位置,取其较大值
		长度、宽度	±5	用尺量
		深度	±5	用尺量
16	灌浆套筒及连接钢筋	灌浆套筒中心线位置	2	用尺量测纵横两个方向的中心线位置,取其较大值
		连接钢筋中心线位置	2	用尺量测纵横两个方向的中心线位置,取其较大值
		连接钢筋外露长度	+10,0	用尺量

（3）预制梁、柱、桁架类构件

预制梁、柱、桁架类构件外形尺寸允许偏差及检验方法　　　　表 3-49

项次	项目			允许偏差(mm)	检验方法
1	规格尺寸	长度	<12m	±5	用尺量两端及中间部位,取其中偏差绝对值较大值
			≥12m 且<18m	±10	
			≥18m	±20	
2		宽度		±5	用尺量两端及中间部位,取其中偏差绝对值较大值
3		高度		±5	用尺量四角和四边中部位置共8处,取其中偏差绝对值较大值
4	表面平整度			4	用2m靠尺安放在构件表面上,用楔形塞尺量靠尺与表面之间的最大缝隙
5	侧向弯曲	梁柱		L/750 且≤20mm	拉线,钢尺量最大弯曲处
		桁架		L/1000 且≤20mm	
6	预埋部件	预埋钢板	中心线位置偏差	5	用尺量测纵横两个方向的中心线位置,取其较大值
			平面高差	0,−5	用尺靠在预埋件上,用楔形塞尺量测预埋件平面与混凝土面的最大缝隙
7		预埋螺栓	中心线位置偏移	2	用尺量测纵横两个方向的中心线位置,取其较大值
			外露长度	+10,−5	用尺量
8	预留孔		中心线位置偏移	5	用尺量测纵横两个方向的中心线位置,取其较大值
			孔尺寸	±5	用尺量测纵横两个方向尺寸,取其最大值
9	预留洞		中心线位置偏移	5	用尺量测纵横两个方向的中心线位置,取其较大值
			洞口尺寸、深度	±5	用尺量测纵横两个方向尺寸,取其最大值
10	预留插筋		中心线位置偏移	3	用尺量测纵横两个方向的中心线位置,取其较大值
			外露长度	±5	用尺量
11	吊环		中心线位置偏移	10	用尺量测纵横两个方向的中心线位置,取其较大值
			留出高度	0,−10	用尺量

项次	项目		允许偏差(mm)	检验方法
12	键槽	中心线位置偏移	5	用尺量测纵横两个方向的中心线位置，取其较大值
		长度、宽度	±5	用尺量
		深度	±5	用尺量
13	灌浆套筒及连接钢筋	灌浆套筒中心线位置	2	用尺量测纵横两个方向的中心线位置，取其较大值
		连接钢筋中心线位置	2	用尺量测纵横两个方向的中心线位置，取其较大值
		连接钢筋外露长度	+10,0	用尺量

（4）装饰类构件

装饰类构件外形尺寸允许偏差及检验方法　　　　　　　　表 3-50

项次	装饰种类	检查项目	允许偏差(mm)	检验方法
1	通用	表面平整度	2	2m靠尺或塞尺检查
2	面砖、石材	阳角方正	2	用托线板检查
3		上口平直	2	拉通线用钢尺检查
4		接缝平直	3	用钢尺或塞尺检查
5		接缝深度	±5	用钢尺或塞尺检查
6		接缝宽度	±2	用钢尺检查

3.5.2　构件成品缺陷修补

1.预制构件外观质量不应有缺陷，对已经出现的严重缺陷应制定技术处理方案进行处理并重新检验，对出现的一般缺陷应进行修整并达到合格。构件外观质量缺陷分类，见表 3-51。

2.修补材料

（1）修补用原材料

其规格要求见表 3-51。

修补用原材料规格要求一览表　　　　　　　　表 3-51

材料名称	规格要求
普通水泥	构件生产用同强度等级水泥
52.5级白水泥	同强度等级（调色用）
细骨料	洁净无污染的中砂，细度模数 2.3~3.0，含泥量≤2%
修补乳胶液	改性羧基丁苯胶溶液，比重约 1.01kg/L
无收缩专用修补砂浆	水泥基聚合物砂浆
环氧树脂	环氧树脂 E-44(6101)
水	饮用水

（2）修补材料的选用和参考配合比

其选用和参考配合比见表 3-52。

修补材料的选用和参考配合比一览表 表 3-52

材料名称	用途	参考配合比（质量比）
修补水泥	普通水泥与白水泥混合经试验调色与构件颜色一致，搅拌均匀后作为修补水泥	按构件颜色试配
水泥腻子	应用于预制构件外形缺陷、外表缺陷等的修补	修补水泥：修补乳胶液：水＝3：1：0.1
修补水泥砂浆	应用于预制构件一般较小露筋、蜂窝、孔洞、夹渣、疏松、裂缝等的修补	修补水泥：砂：修补乳胶液：水＝3：2：1：0.1
无收缩专用修补砂浆	应用于预制构件较大露筋、蜂窝、孔洞、夹渣、疏松、裂缝等的修补	按照厂家使用说明书要求配合比配制
环氧树脂	应用于预制构件表面较大裂缝的修补	环氧树脂：固化剂：稀释剂：环氧氯丙烷＝1：0.25：（0.2～0.4）：0.2

3.缺陷修补方法

预制构件各类缺陷修补方法（仅供参考，有较大缺陷时应制定专项修补方案，并按专项修补方案实施）。见表 3-53。

预制构件缺陷修补方法一览表 表 3-53

缺陷名称	缺陷类型	修补方法
露筋	一般缺陷	用钢丝刷或压力水冲洗干净后，在表面抹无收缩水泥砂浆填灌，使露筋部分充满，抹平压实，并保证保护层厚度
	严重缺陷	对于较深露筋，凿去薄弱混凝土和突出骨料颗粒，洗刷干净后，用无收缩专用修补砂浆填塞并压实，覆盖湿布保湿养护
蜂窝	一般缺陷	对小蜂窝冲刷干净后，用修补水泥砂浆填灌，抹面压实
	严重缺陷	对较大蜂窝，要凿去蜂窝处薄弱松散部分及突出骨料颗粒，用钢丝刷或压力水洗刷干净，用无收缩专用修补砂浆填塞捣实，覆盖湿布保湿养护
孔洞	一般缺陷	将孔洞周围的疏松混凝土和软弱浆膜凿除，冲刷干净后，用修补水泥砂浆填灌，抹面压实
	严重缺陷	将孔洞周围的疏松混凝土和软弱浆膜凿除，用压力水冲洗，支设模板，湿润后用无收缩专用修补砂浆填塞捣实，覆盖湿布保湿养护
夹渣	一般缺陷	将夹渣混凝土及周围的疏松混凝土和软弱浆膜凿除，冲刷干净后，用修补水泥砂浆填灌，抹面压实
	严重缺陷	将夹渣混凝土及周围的疏松混凝土和软弱浆膜凿除，用压力水冲洗，支设模板，湿润后用无收缩专用修补砂浆浇筑捣实，覆盖湿布保湿养护

缺陷名称	缺陷类型	修补方法
疏松	一般缺陷	将疏松混凝土和软弱浆膜凿除,冲刷干净后,用修补水泥砂浆填灌,抹面压实
	严重缺陷	将疏松混凝土和软弱浆膜凿除,用压力水冲洗,支设模板,湿润后用比原强度等级高一级的无收缩细石混凝土浇筑捣实,覆盖湿布保湿养护
裂缝	一般缺陷	一般表面较小的裂缝,可用水清洗,干燥后用修补水泥砂浆填灌表面涂刷封闭
	严重缺陷	沿缝开凿"V"形槽,深度大于裂缝深度。用钢丝刷将裂缝表面的灰尘、碎屑等清除,用清水清洗干净并充分湿润。用无收缩专用修补砂浆填缝,并用湿布覆盖养护。等强1d后,检查裂缝情况。也可在裂缝处用环氧树脂进行修补,环氧树脂要用注浆设备操作,注射完成后用水泥腻子进行表面修饰
外形缺陷	一般	用砂轮机或砂纸修复,采用水泥腻子分层修补,用灰匙压平,且使用厚泡沫海绵块蘸浆表面抹平,用细砂纸修饰平整
外表缺陷	一般	用砂轮机或砂纸去除外表麻面、掉皮、起砂、沾污,采用水泥腻子分层修补,用灰匙压平,且使用厚泡沫海绵块蘸浆表面抹平。用细砂纸修饰平整

3.6 本章小结

本章第3.1节、3.2节主要介绍了预制构件生产工厂的场地要求和生产设备(构件生产线、钢筋加工设备、混凝土生产养护设备、起吊运输设备、试验室检测设备等)用途、性能、常用参数等;第3.3节介绍了预制混凝土构件的通用生产工艺流程、各工序生产操作方法,详细介绍了各类常规构件的生产流程和操作要点、控制项等;第3.4节介绍各工序生产过程中的质量控制方法和要求;第3.5节介绍了预制构件成品质量管理要求、对一般缺陷品的界定和常规修补方法等。通过此章内容可较全面的了解预制混凝土构件的工厂生产、质量控制等方面的方法和要求。

第四章 堆放、吊运和防护

4.1 存储及堆放

4.1.1 一般规定

（1）预制构件从生产地点起吊、转运至临时存放场地或产品堆场存放时，应根据构件结构尺寸和外形特征制定存放和贮存方案。

（2）预制构件存放和贮存场地应平整，其地基承载力应满足构件贮存荷载的要求，并有良好的排水措施。

（3）存放和贮存场地应留有周转运输的有效物流通道，道路应畅通，应满足装卸设备驻车和运输车辆的运行。预制构件堆垛之间设置通道。

（4）存放和贮存场地应具备预制构件的养护条件。

（5）预制构件应按生产日期、产品编号、质量检验等级等标识分类存放和贮存，存放和贮存后其标识应外露，便于识别。预制构件存放和贮存应保证稳固并避免碰损和压断。

（6）存放和贮存区宜实行分区管理和信息化管理。

4.1.2 主要存储及堆放方式

预制构件一般按品种、规格、型号、检验状态分类存放，不同的预制构件存放的方式和要求也不一样。部分异形构件或不适宜叠放、竖放的构件堆放应根据现场实际情况按生产方案执行。如飘窗、T形等不规则构件，宜单块水平放置。

1.预制构件平放、叠合堆放时的要求

预制板、预制楼梯、预制柱、预制梁、预制女儿墙通常采用叠放的方式进行堆放。构件不得直接放置于地面上，底部采用通长垫木或木方、工字钢，做好高低差调平，并应考虑覆盖或包裹柔性材料，然后进行存放。

宜采用平放、叠合堆放的预制构件的方式和要求见表4-1。

平放、叠合堆放的预制构件的方式和要求一览表 表 4-1

构件类型	构件名称	叠放方式	堆放要求	堆放图例
叠合类	预制板	宜平放,叠放时不宜大于6层	堆放图如图例1: 1.预制板叠放时需使用尺寸大小统一的木块衬垫,木块高度必须大于预制板外露桁架筋的高度。 2.垫放位置: (1)设计给出支点或吊点位置的,应以设计要求放置,垫木紧贴吊点位置放置; (2)设计未给出支点或吊点位置的,宜在预制板长度和宽度方向的0.2~0.25的区域位置垫放垫木; (3)长度超过4m的预制板宜采用多点垫放,垫放见图例2。垫放时避免两端支撑垫木低于中间支撑垫木; (4)形状不规则或复杂的预制板,垫放位置根据计算确定	 图例1  图例2
	预制梁	宜平放,叠放时不宜大于3层	堆放图如图例3: 1.预制梁叠放时需使用枕木或方木衬垫。 2.垫放位置: (1)支撑垫木应置于吊点下方外侧放置; (2)各层枕木或方木的放置位置应在同一条垂直线上	 图例3
全预制类	预制柱	宜平放,叠放时不宜大于3层	堆放图如图例4: 1.预制柱叠放时需使用枕木或方木衬垫。 2.垫放位置: (1)支撑垫木应置于吊点下方外侧放置; (2)各层枕木或方木的放置位置应在同一条垂直线上	 图例4

构件类型	构件名称	叠放方式	堆放要求	堆放图例
全预制类	预制楼梯	宜平放,叠放时不宜大于6层;也可采用侧立存放方式	堆放图见图例5、图例6: 1.预制楼梯叠放时需使用方木衬垫;垫放位置位于吊点位置下方(如图例5),各层垫木的位置应在同一条垂直线上。 2.预制楼梯侧立存放时,存放层高不宜超过2层,并做好防倾倒措施(如图例6)	 图例5  图例6
	预制阳台板	形状规则预制阳台板可采用叠放方式,堆放层数不宜大于4层;形状不规则阳台板应单独平放的方式存放	堆放图见图例7、图例8: 1.采用叠放存放方式时可参照预制楼板存放方式和要求。 2.单独平放方式存放时,T形阳台板可参照图例8方式,做好防倾倒措施	 图例7  图例8
	预制空调板	平板式空调板可采用叠放方式,堆放层数不宜大于6层	堆放图见图例9: 采用叠放存放方式时可参照预制楼板存放方式和要求	 图例9

构件类型	构件名称	叠放方式	堆放要求	堆放图例
全预制类	预制女儿墙	可采用叠放方式,堆放层数不宜大于6层	堆放图见图例10;采用叠放存放方式时可参照预制楼板存放方式和要求	 图例10
	预制飘窗	宜单独平放的方式存放	堆放图见图例11;采用通长垫木或木方、工字钢,做好高低差调平,采取防倾倒措施	 图例11

2.宜采用插放或靠放的预制构件的形式和要求见表4-2。

插放或靠放的预制构件的形式和要求一览表　　　　　表 4-2

放置类型	构件名称	要求	图例
第一类插放	剪力墙板 夹心保温墙板 外挂墙板	插放时通过专门设计的插放架,插放架应考虑覆盖或包裹柔性材料,同时有足够的刚度,并需支垫稳固,防止倾倒或下沉	 第一类插放
第二类插放			 第二类插放

放置类型	构件名称	要求	图例
靠放	PCF 墙板外饰面墙板	采用靠放时,预制墙板外饰面、保温层不宜作为支撑面,倾斜度保持在 5°~10°之间,墙板搁支点应设在墙板底部两端处,搁支点可采用柔性材料	  靠放

4.2 吊装

4.2.1 一般规定

预制构件吊装应符合下列要求:

(1)应根据预制构件的形状、尺寸、重量和作业半径等要求选择吊具和起重设备,所采用的吊具和起重设备及其操作,应符合国家现行有关标准及产品应用技术手册的规定;

(2)吊点数量、位置应经计算确定,应保证吊具连接可靠,应采取保证起重设备的主钩位置、吊具及构件重心在竖直方向上重合的措施;

(3)吊索水平夹角不宜小于 60°,不应小于 45°;

(4)应采用慢起、稳升、缓放的操作方式,吊运过程,应保持稳定,不得偏斜、摇摆和扭转,严禁吊装构件长时间悬停在空中;

(5)吊装大型构件、薄壁构件或形状复杂的构件时,应使用分配梁或分配桁架类吊具,应采取避免构件变形和损伤的临时加固措施。

4.2.2 吊装工具及常用方式

1.吊装设备

主要吊装设备见第 3 章表 3-7。

2.吊装器具

主要吊装器具见表 4-3。

器具名称	性能要求	器具图例
钢丝绳	1. 钢丝绳的各项指标应符合现行国家标准规范的要求,并附有检测报告; 2. 根据预制构件重量、吊点数量和位置、冲击系数等实际情况,对钢丝绳的种类、直径、抗拉强度进行验算,必须满足要求; 3. 钢丝绳的连接方式(一般有:编结法、绳夹固定法、压套法等)应规范、可靠; 4. 使用过程中应加强对钢丝绳的检查,检查项目和要求应符合现行国家标准《起重机 钢丝绳 保养、维护、安装、检验和报废》GB/T 5972; 5. 吊运中一般选用 6×24+1 或 6×37+1 两种构造的钢丝绳	
链条吊索	1. 起重载荷不得超过吊具的极限工作载荷,且使用前对所用吊具做目测检查,并根据起重载荷核对其极限工作载荷,符合后方可投用; 2. 吊运辅具组件的级别不得低于圆环链级别; 3. 链环之间禁止扭转、扭曲、打结,相邻链环活动应灵活; 4. 链环发生塑性变形,伸长达到原长度的 5%;链环直径磨损达到原直径的 10%;链环出现裂纹、弯曲、扭曲或表面损伤现象时应报废	
吊带	1. 合成纤维吊装带应由专业厂生产制造; 2. 吊带本身以颜色区分额定载荷,紫色 1000kg;绿色 2000kg;黄色 3000kg;红色 5000kg;蓝色 8000kg;10000kg 以上为橘黄色; 3. 出现织带(含保护套)严重磨损、穿孔、切口、撕断;软环缝合、编接处撕开、破损、绳股拉出;承载接缝绽开、缝线磨断;无标记、标牌或标记、标牌不清楚时;吊带纤维软化、老化、弹性变小、强度减弱;纤维表面粗糙易于剥落;严重折弯或扭曲产生过死结时;经常疲劳使用无损 1 年等情况和现象时需报废	
吊钩	1. 预制构件吊运一般采用单钩吊钩,构造简单,使用方便,材料一般采用 20 号优质碳素钢或 20Mn 锻造而成,最大起重量不大于 80t; 2. 出现吊钩有裂纹、危险断面磨损达原尺寸的 10%、开口度比原尺寸增加 15%、扭转变形超过 10°、危险断面或吊钩颈部产生塑性变形等吊钩应报废	 

器具名称	性能要求	器具图例
卸扣	1.无标志和检验证书的卸扣,严禁投入使用; 2.卸扣使用前,必须检查产品外观是否有裂纹以及产品的额定荷载,严禁超载使用; 3.与卸扣销轴连接接触的预制构件吊环,其直径应不小于销轴直径; 4.在正式使用前,必须进行卸扣试吊。吊点与预制构件重心在同一铅垂线上; 5.加强对卸扣的检查,不满足要求时应立即报废处理; 6.常用型号所对应的吨位规格如下: 规格 1/4 承重 0.5t、规格 5/16 承重 0.75t、规格 3/8 承重 1t、规格 7/16 承重 1.5t、规格 1/2 承重 2t、规格 5/8 承重 3.25t、规格 3/4 承重 4.75t、规格 7/8 承重 6.5t、规格 1 承重 8.5t、规格 1 1/8 承重 9.5t、规格 1 1/4 承重 12t、规格 1 3/8 承重 13.5t、规格 1 1/2 承重 17t、规格 1 3/4 承重 25t、规格 2 承重 35t	
鸭舌扣吊具	1.配套吊钉使用; 2.常用规格型号:1.3t、2.5t、5t、7.5t、10t	
普通吊环	1.预制构件重量必须满足吊环的额定起吊荷载; 2.吊环螺栓必须是锻造而不是焊接件; 3.吊环螺栓应完全拧到位,只能垂直起吊,螺栓不应经受侧向拖拉; 4.加强对吊环螺纹的检查,发现损伤、变形的情况,应及时进行更换; 5.常用规格有:M8、M10、M12、M16、M20、M24、M30、M36 等	
旋转吊环	1.旋转吊环起吊工件的重量一定不要超过额定的载重量; 2.吊环螺栓垂直安装于工件的表面,工件表面必须平整,以使吊环垫圈与工件表面全接触,中间不得有间隙; 3.勿在旋转吊环垫圈与工件表面之间加装垫物; 4.旋转吊环在安装完成后,吊环 U 形栓的侧面不可碰触到被吊物或其他物体,旋转吊环在任意角度都能自由的旋转; 5.常用规格和承重值:M12,承重 1.05t;M14,承重 1.15t;M16,承重 1.9t;M18,承重 2t;M20,承重 2.15t;M22,承重 2.25t;M24,承重 2.25t;M30,承重 5t;M48,承重 10t	

器具名称	性能要求	器具图例
吊装平衡梁	1. 吊装平衡梁必须明确吊装限载,并进行验算; 2. 对吊装平衡梁的原材料、焊缝、吊环、耳板等进行过程检查和验收,确保满足要求; 3. 在正式使用前,必须进行试吊;吊点与预制构件重心在同一铅垂线上; 4. 一般起吊重量控制在 6t 以下	可调式吊梁1  可调式吊梁2 
框架式吊装平衡梁		

3. 预制构件的吊装方式

各类预制构件宜优先采用的吊装示意图见表 4-4。

各类预制构件吊装示意图　　　　表 4-4

预制墙板	预制楼梯	预制梁
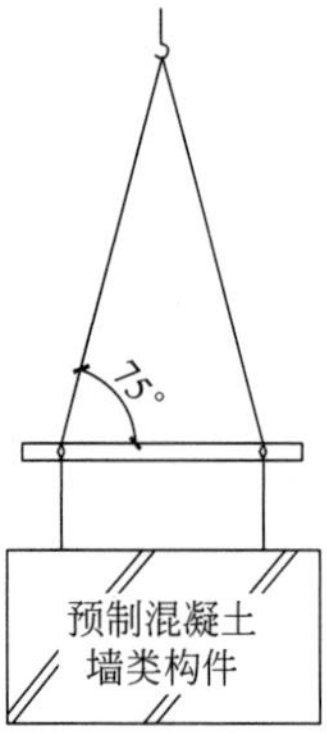 75° 预制混凝土墙类构件	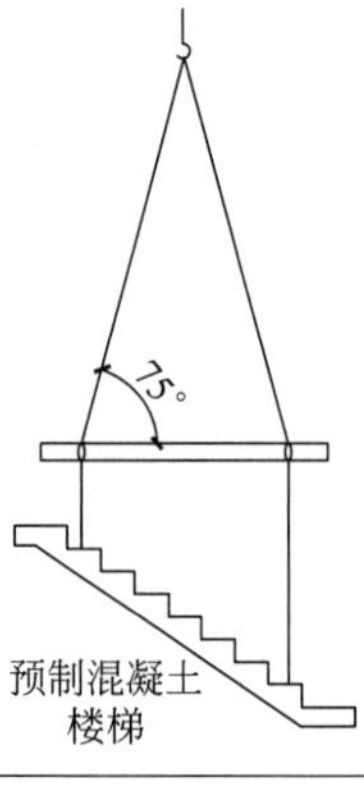 75° 预制混凝土楼梯	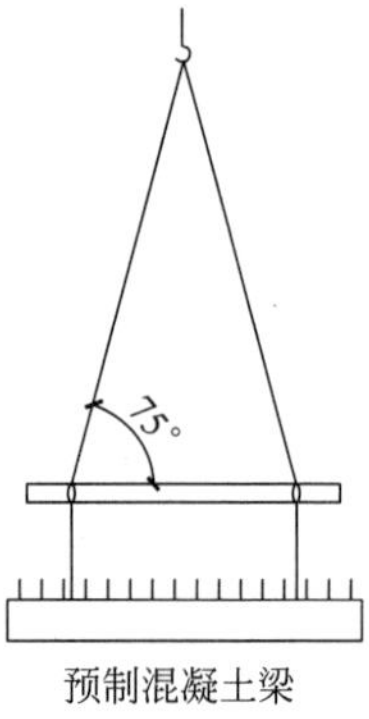 75° 预制混凝土梁
预制楼板、预制阳台板	预制柱	预制梁(两段式)
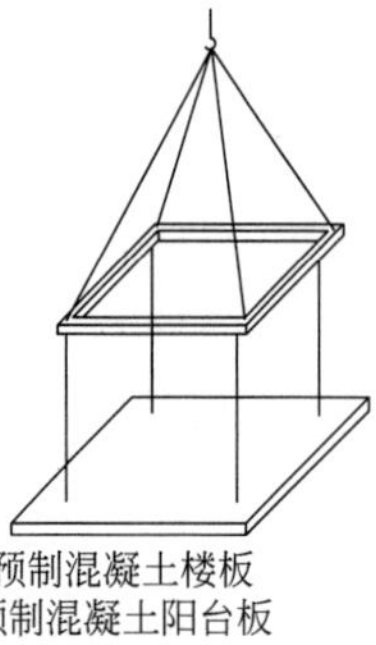 预制混凝土楼板 预制混凝土阳台板	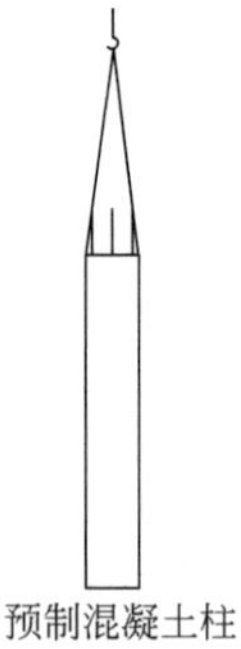 预制混凝土柱	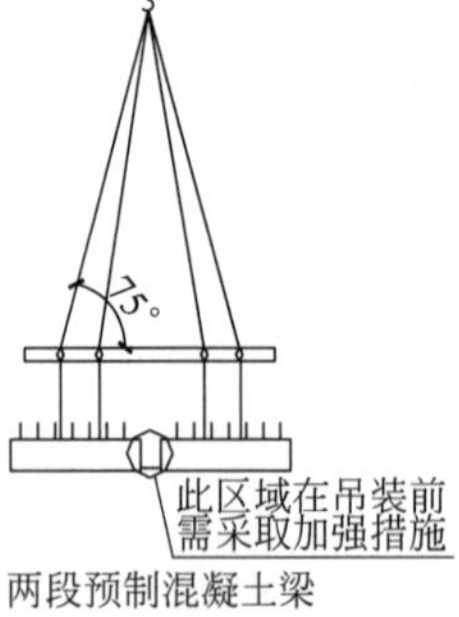 75° 此区域在吊装前需采取加强措施 两段预制混凝土梁

吊装时宜优先选用平衡梁吊装方式，平衡梁式吊装可以合理分配或平衡各吊点的载荷，保持被吊构件的平衡，避免吊索损坏构件；可以缩短吊索的高度，减小动滑轮的起吊高度；减少构件起吊时所承受的水平压力，避免损坏构件。

4.3 运输

4.3.1 一般规定

（1）前期充分做好道路勘察与项目现场堆场勘察，充分考虑构件限高、限宽、限重以及道路限行等可能性，避免装车后无法顺利运抵指定场所。

（2）与现场共同确定装车次序，编制装车顺序方案，合理搭配装车，尽量减少车次、节省成本。

（3）预制构件装车时要充分考虑每个构件的合理位置，尤其要注意确保车辆平衡度，构件装架和（或）装车均以架、车的纵心为重心，保证两侧重量平衡的原则摆放。积极采取防止构件移动或倾覆的可靠固定措施，确保车辆与构件安全。

（4）运输墙板等竖向构件时，宜设置专用运输架；其他构件宜采用平放或叠放的方式进行。

（5）装车工人在装车前，应熟知并严格遵守装车计划以及各项安全保护措施，科学作业。

4.3.2 常用方式

1. 运输设备

装配式建筑基本构件的运输分陆上运输和水上运输。水上运输适合具有得天独厚的水运条件，预制工厂距离港口近、运距长的订单，如构件出口到国外。陆上通常采用平板汽车进行运输，也是国内普遍采用的运输方式，适合 200km 以内的短距离运输，距离过长代价高，不具备良好的经济性。汽车运输常用参数及方式见表 4-5。

2. 预制构件装车前准备事项

对照发货计划，按需求装车。装车人员严格按照装车计划、吊运规范作业程序以及各项安全装车要求作业。

做好各项安全检查。工厂行车、龙门吊、提升机主钢丝绳、吊运、安全装置等，确保无安全隐患；同时，工厂桁车、龙门吊等操作人员必需培训合格，持证上岗；所有工作人员必须佩戴安全帽、手套、防砸鞋等防护用具。

3. 常规预制构件运输方式

两类常规运输方式及注意事项见表 4-6、表 4-7。

运输汽车	参数	运输方式	图例
低平板半挂车	低平板半挂车系列尺寸有 9.5m、10.5m、11m、11.5m、12m、12.5m、13m、13.75m、14m、15m、16m，宽度 2.8～3m；预制构件装车后离地高度宜控制在 4.2m 以下，车速一般控制在每小时 60～80km 以下，装载重量不得超过车辆的有效载荷	直接运输	
		安装靠架	
		安装插架	
预制构件专用运输车	装载空间长 9m、高 3.75m、宽 1.5m，可装载高达 3.75m 的预制构件	组合运输	

平放运输方式			
构件类型	运输要求	图例	注意事项
预制板	不宜超过 6 层		1. 通长垫木（或工字钢）、木方的表面应考虑覆盖或包裹柔性材料。 2. 木方尺寸要统一。 3. 在预制构件与固定的保险带（或钢丝绳，直径不小于 10mm 的天然纤维芯钢丝绳）接触部位宜采用柔性垫片，如橡胶皮等
预制梁、柱	不宜超过 2 层		
预制阳台	不宜超过 2 层		
预制楼梯	不宜超过 4 层		

联排插放或背靠运输的方式			
构件类型	运输方式	图例	注意事项
剪力墙板	联排插放或背靠	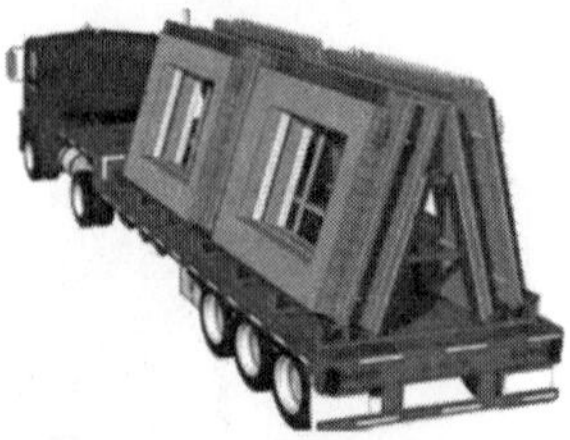	1. 构件边角部位及构件与捆绑、支撑接触处,宜采用柔性垫衬加以保护。 2. 预制墙板等宜采用竖直立放运输,如采用背靠式运输架,则带外饰面的墙板装车时外饰面朝外,PCF 墙板保温层朝外,并用保险带(或钢丝绳)加柔性垫片加固。 3. 联排插放运输架装运须增设防止运输架前、后、左、右四个方向移位的限位块,构件上、下部位均需有铁杆插销,构件之间宜采用柔性填充物塞紧保护。运输架每端最外侧上、下部位,装2根铁杆插销。外围采用保险带(或钢丝绳)加柔性垫片加固。 4. 部分洞口较大的墙板在装车前,宜采用槽钢等材料进行洞口处加固,避免破损
夹心保温墙板	联排插放或背靠		
PCF 墙板	背靠		
外挂墙板	联排插放或背靠		
外饰面墙板	背靠		

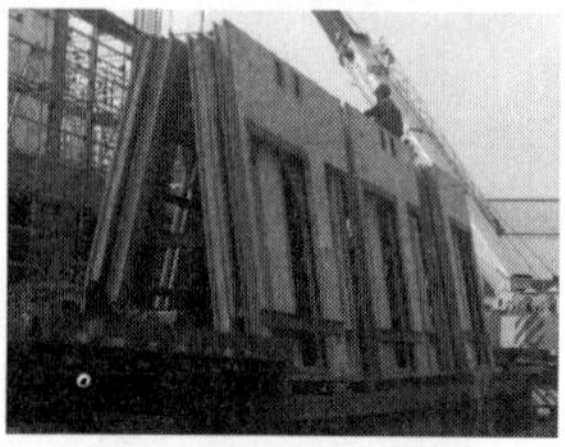

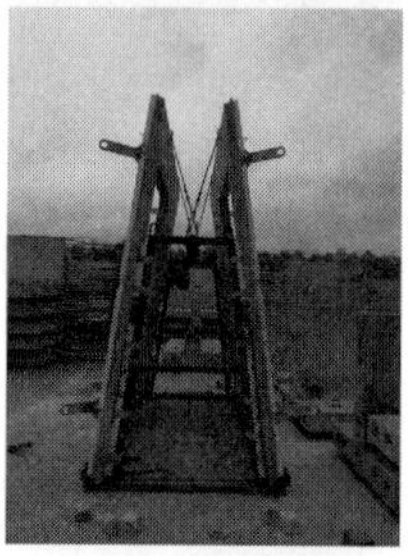

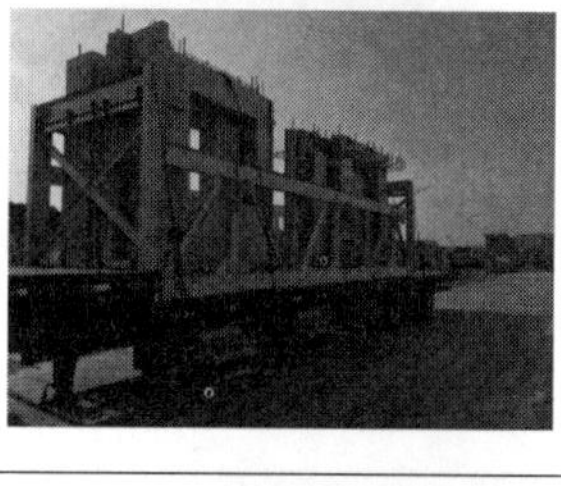

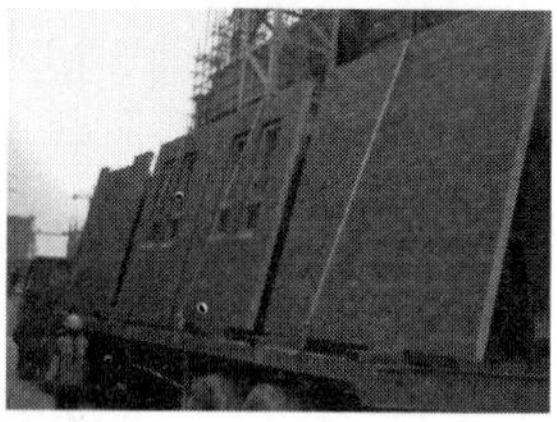

4.3.3 运输安全

1. 运输安全准备工作

(1)制定运输方案：根据运输构件实际情况需要，装卸车现场及运输道路的情况，并根据起重机械、运输车辆的条件等因素综合考虑，最终选定运输方法、选择起重机械（装卸构件用）和运输车辆。

（2）设计制作运输架：根据构件的重量和外形尺寸进行设计制作，且尽量考虑运输架的通用性。

（3）验算构件强度：根据运输方案所确定的条件，验算构件在最不利截面处的抗裂度，避免在运输中出现裂缝。如有出现裂缝的可能，应进行加固处理。

（4）检查构件：检查构件的型号、质量、数量、标识等。

（5）查看运输路线：组织有运输司机参加的有关人员查看道路情况，沿途上空有无障碍物，公路桥的允许负荷量，通过的涵洞净空尺寸等。如不能满足车辆顺利通行，应及时采取措施。此外，应注意沿途是否横穿铁道，如有应查清火车通过道口的时间，以免发生交通事故。

2.运输安全要求

（1）预制构件的运输线路应根据道路、桥梁的实际条件确定；

（2）运输车辆应满足构件尺寸和载重要求；

（3）装卸构件时应考虑车体平衡，摆放均衡，防止偏载，避免造成车体倾覆；

（4）应采取防止构件移动或倾倒的绑扎固定措施；必要时点焊固定，做好防倒塌、滑动的安全措施；

（5）运输细长构件时应根据需要设置水平支架。

4.4 成品防护

预制构件脱模后，在吊装、存放、运输过程中应对产品进行保护，并符合表4-8要求。

预制构件成品保护要求一览表 表4-8

过程名称	要求	图例
吊运过程中成品防护	1.预制构件存放时相互之间应预留足够的空间,防止吊运、装卸等作业时相互碰撞造成构件损坏 2.吊运过程操作方式应慢起、稳升、缓放,应保持姿势稳定,不偏斜、摇摆、扭转等避免预制构件损坏	 预留空间  平稳吊运

过程名称	要求	图例
存放过程中的成品防护	1. 预制构件成品外露保温板应采取防止开裂的措施,外露钢筋应采取防弯折措施,外露预埋件和连结件等外露金属件应按不同环境类别进行防护或防腐、防锈,防止产生锈蚀; 2. 宜采取保证吊运前预埋螺栓孔清洁的措施; 3. 钢筋连接套管、预埋螺栓孔、预留孔洞应采取防止堵塞的临时封堵措施; 4. 应对灌浆套筒、波纹管、盲孔等浆锚连接的注浆孔和出浆孔进行透光检查,并采取防止堵塞的措施; 5. 冬期生产和存放的预制构件的非贯穿孔洞应采取临时封堵措施防止雨雪水进入发生冻胀损坏	 外露钢筋防护  预埋螺栓孔封堵
运输过程中的成品防护	1. 设置柔性垫片避免预制构件边角部位或链索接触处的混凝土损伤; 垫块表面应包裹塑料薄膜防止污染构件外观; 2. 墙板门窗框、装饰表面和棱角采用塑料贴膜或其他措施防护; 3. 竖向薄壁构件设置临时防护支架; 4. 清水混凝土预制构件、装饰混凝土预制构件和有装饰面材的预制构件应制定专项防护方案,面层采取包裹塑料薄膜等防尘、防污染措施,棱、边角等部位采用粘贴 L 形塑料角条防破损措施	 设置柔性垫片保护  包裹柔性垫片  预制构件棱角防护  塑料薄膜包裹防护

4.5 本章小结

本章第 4.1 节介绍了预制构件存储及堆放的一般管理要求、各类预制构件存储及堆放的搁置方式、搁置要求、层数要求；第 4.2 节介绍了预制构件吊装的一般管理要求、各类常用吊装工器具的性能和要求、各类常规预制构件的吊装方式；第 4.3 节介绍了预制构件运输的常用运输车辆性能参数、各类常规预制构件运输方式、要求和安全要求；第 4.4 节介绍了吊运过程中、存放过程中、运输过程中的成品防护要求。预制构件存放、吊装、运输是造成预制构件断裂、破损、翘曲变形、倾倒、重物伤害等质量和安全问题的重要影响环节，应在作业时给予高度重视。

第五章　资料管理

5.1　一般规定

（1）预制构件的资料应与产品生产同步形成、收集和整理。相应资料内容见表5-1。

预制构件生产厂家宜归档资料一览表　　　　表 5-1

项次	宜归档资料内容
1	预制混凝土构件加工合同
2	预制混凝土构件加工图纸、设计文件、设计洽商、变更或交底文件
3	生产质量控制方案等文件
4	原材料质量证明文件、复试试验记录和试验报告
5	混凝土试配资料
6	混凝土配合比通知单
7	混凝土开盘鉴定
8	混凝土强度报告
9	钢筋检验资料、钢筋接头的试验报告
10	模具检验资料
11	预应力施工记录
12	混凝土浇筑记录
13	混凝土养护记录
14	构件检验记录
15	构件性能检测报告
16	构件出厂合格证
17	质量事故分析和处理资料
18	其他与预制混凝土构件生产和质量有关的重要文件

（2）预制构件交付的产品质量证明文件应包括表5-2的资料内容。

项次	交付资料内容
1	出厂合格证
2	混凝土强度检验报告
3	钢筋套筒等其他构件钢筋连接类型的工艺检验报告
4	合同要求的其他质量证明文件

预制构件应交付资料一览表　　　　　　　　　表 5-2

5.2 资料及质量记录

5.2.1 生产过程检验记录

生产过程检验记录应包含混凝土原材料检验记录、预制混凝土构件生产过程检查记录。

（1）混凝土原材料检验记录应包含原材料留样记录、原材料试验记录、原材料检验报告。混凝土检验记录还应包含混凝土配合比原始记录和混凝土强度检测记录等。该项记录表格内容可参考表 5-3～表 5-11 中检验记录内容。（表格格式、项目及参数仅供参考）

原材料留样记录表　　　　　　　　　表 5-3

材料名称：　　　　厂家：　　　　　　年　　编号：

序号	取样时间	样品编号	规 格	车 号	代表数量	取样人	备 注
1							
2							
3							
4							
5							
6							
7							
8							
9							
10							

水泥试验记录表　　　　　　　　　　　　　　表 5-4

材料产地：　　　　材料规格：　　　　样品状态：　　　　样品编号：

项目		3d				28d			
		荷载值(kN)	强度值(MPa)	月	日	荷载值(kN)	强度值(MPa)	月	日
试验日期									
抗折	1								
	2								
	3								
平均抗折强度(MPa)									
抗压	1								
	2								
	3								
	4								
	5								
	6								
平均抗压强度(MPa)									

水泥安定性试验（雷氏法）			凝结时间			
次数	1	2	加水时刻	时	分	
A(mm)			初凝时刻	时	分	初凝用时(min)
C(mm)			终凝时刻	时	分	终凝用时(min)
C-A(mm)			细度	筛析法	筛余物的质量 Rs(g)	
平均					试样质量 W(g)	
					筛余百分数 F(%)	
					筛修正系数 C	
					修正后筛余百分数	
水泥安定性试验（试饼法）			比表面积(cm²/g)			
沸煮后状态	有裂缝□	有翘曲□	环境条件	温度(℃)		
	无裂缝□	无翘曲□		湿度(%)		
标准稠度用水量	加水量(ml)		养护	制作		
	试杆沉入净浆距底板的距离(mm)			试验		
	标准稠度用水量 P(%)					

180　装配式建筑技术手册（混凝土结构分册）生产篇

材料产地：　　　　　　　　材料规格：　　　　　　　　样品状态：　　　　　　　　样品编号：　　　　　　　　表 5-5

粉煤灰试验记录表

项目		试验次数	称取试样的质量 G(g)	筛余物的质量 G_1(g)	粉煤灰细度(%) $F=G_1/G\times100$	负压筛修正系数	平均值
细度(%)		1					
		2					
项目		试验次数	烘干前试验质量 G(g)	烘干后试样质量 G_1(g)	含水量 X(%)		平均值
含水率(%)		1					
		2					
项目		试验次数	对比胶砂的加水量 G(ml)	掺粉煤灰用水量 L_1(ml)	需水量比 $X=L_1/G\times100$		平均值
需水量比(%)		1					
		2					
项目		试验次数	灼烧前试样质量 G(g)	灼烧后试样质量 G_1(g)	烧失量(%) $X=(G-G_1)/G\times100$		平均值
烧失量(%)		1					
		2					

项目	龄期	掺粉煤灰强度 7d	水泥强度 28d
试验日期			
抗折强度(MPa)	1		
	2		
	3		
平均值			
抗压强度(MPa)	1		
	2		
	3		
	4		
	5		
	6		
平均值			
28d 活性指数			

表 5-6

混凝土用砂试验记录表

材料产地：　　　　　样品状态：　　　　　材料规格：　　　　　样品编号：

筛分析

试验次数	筛孔边长(mm)	1 筛余量(g)	1 分计筛余(%)	1 累计筛余(%)	2 筛余量(g)	2 分计筛余(%)	2 累计筛余(%)
	4.75						
	2.36						
	1.18						
	0.600						
	0.300						
	0.150						
	0.075						
	筛底						
	合计						
	细度（单次）						
	细度（平均）						
	砂的粗细程度						

表观密度

试验次数	试验烘干质量 m_0(g)	吊篮在水中质量 m_1(g)	吊篮及试样在水中质量 m_2(g)	水温(℃)	水温影响修正系数 a_t	密度 ρ(kg/m³)	平均密度(kg/m³)
1							
2							

堆积密度

试验次数	容量筒质量 m_1(kg)	容量筒和试样质量 m_2(kg)	容量筒体积 v(L)	堆积密度(kg/m³)	平均值(kg/m³)
1					
2					

紧密密度

试验次数	容量筒质量 m_1(kg)	颠实后容量筒和试样中质量 m_2(kg)	容量筒体积 v(L)	紧密密度(kg/m³)	平均值(kg/m³)
1					
2					

泥含量

试验次数	试验前烘干质量 m_0(g)	试验后烘干质量 m_2(g)	泥含量 w_t(%)	平均值(%)
1				
2				

泥块含量

试验次数	公称直径5mm筛上筛余质量 m_1(g)	试验后烘干质量 m_2(g)	泥块含量 w_t(%)	平均值(%)
1				
2				

备注

材料产地：　　　　　　　　　　　　　　　　　　　　　　　　　　样品状态：

材料规格：　　　　　　　　　　　　　　　　　　　　　　　　　　样品编号：

混凝土用石试验记录表　　表5-7

碎石或卵石筛分试验

筛孔边长(mm)	筛余量(g)	分计筛余(%)	累计筛余(%)
37.5			
26.5			
19.0			
16.0			
9.5			
4.75			
2.36			
筛底			
合计			
颗粒级配			

表观密度

试验次数	试验烘干质量 m_0(g)	吊篮在水中质量 m_1(g)	吊篮及试样在水中质量 m_2(g)	水温(℃)	水温影响修正系数 a_t	密度 ρ(kg/m³)	平均值(kg/m³)
1							
2							

堆积密度

试验次数	容量筒质量 m_1(kg)	容量筒和试样质量 m_2(kg)	容量筒体积 v(L)	堆积密度(kg/m³)	平均值(kg/m³)
1					
2					

紧密密度

试验次数	容量筒质量 m_1(kg)	颠实后容量筒和试样质量 m_2(kg)	容量筒体积 v(L)	紧密密度(kg/m³)	平均值(kg/m³)
1					
2					

泥含量

试验次数	试验前烘干质量 m_0(g)	试验后烘干质量 m_2(g)	泥含量 w_t(%)	平均值(%)
1				
2				

泥块含量

试验次数	公称直径 5mm 筛上筛余质量 m_1(g)	试验后烘干质量 m_2(g)	泥块含量 w_t(%)	平均值(%)
1				
2				

针片状含量

试样质量 m_0(g)	针片状颗粒总质量 m_1(g)	针片状含量(%)

压碎值

试验次数	试样质量 m_0(g)	压碎后筛余的试样质量 m_1(g)	压碎值指标(%)	平均值(%)
1				
2				
3				

外加剂试验记录表

表 5-8

材料产地：　　　　样品状态：　　　　样品编号：

材料规格：

固体含量(%)	试验次数	试样+瓶重 m_1(g)	烘干试验+瓶重 m_2(g)	瓶重 m_0(g)	固体含量 X_m(%)	平均值(%)
	1					
	2					

含水量(%)	试验次数	试样+瓶重 m_1(g)	烘干后试验+瓶重 m_2(g)	瓶重 m_0(g)	含水率(%)	平均值(%)
	1					
	2					

水泥净/砂浆流动度(mm)	试验次数	加水量(g)	外加剂掺量(g)	X方向直径(mm)	Y方向直径(mm)	流动度(mm)	平均值(mm)
	1						
	2						

pH值						

砂浆减水率(%)	试验次数	基准砂浆流动度用水量 M_0(g)	掺外加剂砂浆流动度用水量 M_1(g)	减水率(%)	平均值(%)
	1				
	2				

细度(%)	试验次数	筛余物质量 m_1(g)	试验质量 m_2(g)	筛余(%)	平均值(%)
	1				
	2				

混凝土凝结时间	试验次数	配合比号	加水时间	初凝时间	终凝时间
	1				
	2				

备注	

混凝土配合比原始试验记录表　　表 5-9

编　　号：
HP：

强度等级					其他技术要求				试拌体积（m³）				配合比编号					HP：			
水泥厂家	水泥规格	水泥编号		要求坍落度	粉煤灰厂家	粉煤灰规格	粉煤灰编号	矿粉厂家	矿粉规格	矿粉编号	外加剂厂家	外加剂规格	外加剂编号	砂规格	砂编号	砂含水率	石规格	石编号	石含水率	试块编号	

拌合物性能	水胶比	砂率	配合比参数							实测坍落度（mm）	实测容重（kg/m³）	7d 抗压强度度（MPa）	28d 抗压强度度（MPa）
			胶凝材料			水	砂	石	外加剂				
			水泥	粉煤灰	矿粉								

		试配 1：										平均：	平均：
试配 1	配合比参数（kg/m³）												
	配合比比例												
	试拌干料用量（kg/m³）												
	试拌实际用量（kg/m³）												
		试配 2：										平均：	平均：
试配 2	配合比参数（kg/m³）												
	配合比比例												
	试拌干料用量（kg/m³）												
	试拌实际用量（kg/m³）												
		试配 3：										平均：	平均：
试配 3	配合比参数（kg/m³）												
	配合比比例												
	试拌干料用量（kg/m³）												
	试拌实际用量（kg/m³）												
报告配合比	配合比干料参数（kg/m³）												
	配合比比例												

结论	经试配结果综合确定，第　　配合比为基准配合比

混凝土抗压强度试验记录表

表 5-10

编　号：

序号	试块编号	强度等级	结构部位	成型日期	试压日期	试件尺寸（mm）	破坏荷载（kN）单块值	抗压强度（MPa）代表值	抗压强度（MPa）平均值	备注
1										
2										
3										
4										
5										

表 5-11

钢筋原材力学性能检验原始记录表

试验编号：

样品编号：　　　　试验室：　　　　温度：　　℃　　湿度：　　%

样品名称	生产厂家	牌号	批号、炉号	试验日期

序号	公称直径 (mm)	截面面积 S_0 (mm²)	拉伸检验								弯曲检验			实测抗拉强度/实测屈服点 ≥1.25	实测屈服点/标准屈服点 ≤1.30
			屈服点 σ_s		抗拉强度 σ_b		标距 L_0 (mm)	断后标距 L_1 (mm)	伸长率 δ (%)	断裂部位特征	弯心直径 (mm)	弯曲角度 (°)	结果		
			荷载 F_s (kN)	强度 (MPa)	荷载 F_b (kN)	强度 (MPa)									

检验依据	《钢筋混凝土用钢 第 2 部分：热轧带肋钢筋》GB/T 1499.2
计算公式	$\sigma_s = F_s/S_0$　　$\sigma_b = F_b/S_0$　　$\delta = (L_1 - L_0)/L_0 \times 100$
仪器设备	万能试验机　　钢筋标距仪
备注	

（2）预制混凝土构件生产过程检查记录应包含：预制板生产过程检查记录、预制梁生产过程记录、墙板生产过程记录、梁柱生产过程记录、楼梯生产过程记录。生产过程记录中应记录构件生产过程中每道工序的检验内容、检验标准、检验人、检验结果。检验记录中工序应包含组模工序、配筋工序、预留预埋工序、浇捣工序、脱模工序。各类预制混凝土构件生产过程检验记录各工序检验内容可参考表 5-12～表 5-15 中检查记录内容。（表格格式、项目及参数仅供参考）

预制墙板生产过程检验记录表　　　　　　　表 5-12

项目名称		构件编号（楼层）		生产订单号	

组模　工序

序号	质检内容	质检标准（单位：mm）	自检结果	备注
1	模具清理	无杂物，不影响组模和配筋		
2	涂刷隔离剂	均匀，无遗漏、积液		
3	长度（≤6m）	1，−2		
4	宽度、高（厚）度	1，−2		
5	对角线差	3		
6	门窗框	中心位置偏差为 5，宽度、高度偏差为 ±2		
7	侧向弯曲	<$L/1500$ 且≤5		
8	组装缝隙	1		
工序自检员			互检员	生产日期

配筋　工序

序号	质检内容	质检标准（单位：mm）	自检结果	备注
1	布筋	规格、位置符合图纸要求		
2	扎筋间距	±10		
3	筋网摆放	位置、垫层符合图纸及规范要求		
4	主筋间距	±10		
5	主筋排距	±5		
6	箍筋间距	±10		
7	端头不齐	5		
8	主筋外留长度	+10,0		
9	主筋保护层	±3		
10	预留筋中心位置	0,2		
11	预留筋长度	±5		
工序自检员			互检员	生产日期

<u>预留预埋</u> 工序

序号	质检内容	质检标准(单位:mm)		自检结果	备注
1	预埋吊环(钉)	中心线位置	10		
		高度	0,−10		
2	预埋螺栓	中心线位置	2		
		外露长度	±5		
3	预留洞	中心线位置	5		
		尺寸	±5		
4	插筋	中心线位置	3		
		外露长度	±5		
5	预埋钢板	中心线位置	5		
		平面高差	0,−5		
6	预埋套筒/螺母	中心线位置	2		
		内部情况	套筒内丝无损伤,无残渣		
7	预埋线盒	中心线位置	2		
		水平平整度	−5		
8	预埋管/孔	中心线位置	5		
		孔尺寸	±5		
		内部情况	管口封堵;线管弯折顺滑;无堵塞		
9	门窗框	中心线位置	5		
		宽度/高度	±2		
工序自检员			互检员		生产日期

<u>浇捣养护</u> 工序

序号	质检内容	质检标准(单位:mm)	自检结果	备注
1	浇捣时间	日期/时间		
2	布料、振捣	布料均匀;振捣充分、密实		
3	捣后预留/预埋	符合图纸及标准要求		
4	表面	平整度(内表面<4、外表面<3)		
5	养护	保证构件温度、湿度,符合养护要求		
工序自检员		互检员		生产日期

脱模　工序

序号	质检内容	质检标准(单位:mm)	自检结果	备注	
1	表观质量	无气孔、蜂窝;边角无磕碰损伤;板面脱模无损坏等			
2	长度	±4			
3	宽度	±4			
4	厚度	±3			
5	对角线差	5			
6	预留预埋	预留预埋模具和泡沫清除干净,尺寸符合图纸尺寸			
7	钢筋	无露筋现象			
8	标识	位置正确、清晰			
9	其他	均符合图纸及工艺要求			
工序自检员			互检员	生产日期	

质量异常记录:

质量返修记录:

预制楼梯生产过程检验记录表　　　表 5-13

项目名称		构件编号(楼层)		生产订单号	

组模　工序

序号	质检内容	质检标准(单位:mm)	自检		备注
			自检结果	签字	
1	模具清理	无杂物,不影响组模和配筋			
2	涂刷隔离剂	均匀,无遗漏、积液			
3	长度(≤6m)	1,−2			
4	对角线差	3			
5	侧向弯曲	$L/1500$ 且≤5			
6	翘曲	$L/1500$			
7	组装缝隙	1			
工序自检员			互检员	生产日期	

配筋　工序

序号	质检内容	质检标准(单位:mm)	自检		互检签字	备注
			自检结果	签字		
1	布筋	规格、位置符合图纸要求				
2	钢筋保护层	±3				
3	预留筋长度	±5				
工序自检员			互检员		生产日期	

预留预埋 工序

序号	质检内容	质检标准（单位：mm）		自检		互检签字	备注
				自检结果	签字		
1	预埋吊环	中心线位置	3				
		外露长度	−5,0				
2	预埋螺栓	中心线位置	2				
		外露长度	0,5				
3	预留洞	中心线位置	3				
		尺寸	+3,0				
工序自检员				互检员		生产日期	

浇捣养护 工序

序号	质检内容	质检标准（单位：mm）	自检		互检签字	备注
			自检结果	签字		
1	浇捣时间	日期/时间				
2	布料、振捣	布料均匀；振捣充分、密实				
3	捣后预留/预埋	符合图纸及标准要求				
4	表面	平整度＜3				
5	养护	保证构件温度、湿度，符合养护要求				
工序自检员			互检员		生产日期	

脱模 工序

序号	质检内容	质检标准（单位：mm）	自检		互检签字	备注
			自检结果	签字		
1	表观质量	无气孔、蜂窝；边角无磕碰损伤；板面脱模无损坏等				
2	长度	±5				
3	宽度	±5				
4	厚度	±5				
5	对角线差	6				
6	预留预埋	预埋件和预留洞口清除干净，尺寸符合图纸尺寸				
7	钢筋	无露筋现象				
8	标识	位置正确、清晰				
9	其他	均符合图纸及工艺要求				
工序自检员			互检员		生产日期	

质量异常记录：

质量返修记录：

| 项目名称 | | 构件编号(楼层) | | | 生产订单号 | |

组模　工序

序号	质检内容	质检标准(单位:mm)	自检结果	备注
1	模具清理	无杂物,不影响组模和配筋		
2	涂刷脱模油	均匀,无遗漏、积液		
3	长度	①<6m,(1,-2);②≥6m 且≤12m,(2,-4);③>12m,(3,-5)		
4	宽度、高(厚)度	2,-4		
5	对角线差	3		
6	侧向弯曲	<$L/1500$ 且≤5		
7	翘曲	<$L/1500$		
8	组装缝隙	1		
工序自检员			互检员	生产日期

配筋　工序

序号	质检内容	质检标准(单位:mm)	自检结果	备注
1	布筋	规格、位置符合图纸要求		
2	箍筋间距	±10		
3	箍筋与两侧边距离	±5		
4	伸出连接筋尺寸	+10,0		
5	套筒间距	2		
6	主筋保护层	±5		
7	预留孔/洞中心线位置	5		
工序自检员			互检员	生产日期

预留预埋　工序

序号	质检内容		质检标准(单位:mm)	自检结果	备注
1	预埋吊环	中心线位置	10		
		高度	-10,0		
2	预留洞	中心线位置	5		
		尺寸	±5		
3	插筋	中心线位置	3		
		外露长度	±5		
4	套筒	中心线位置	2		
5	预埋件	中心线位置	5		
		与混凝土平面高差	0,-5		
工序自检员				互检员	生产日期

<u>浇捣养护</u> 工序

序号	质检内容	质检标准(单位:mm)	自检结果	备注	
1	浇捣时间	日期/时间			
2	布料、振捣	布料均匀;振捣充分、密实			
3	捣后预留/预埋	符合图纸及标准要求			
4	表面	平整度<4			
5	养护	保证构件温度、湿度,符合养护要求			
工序自检员			互检员	生产日期	

<u>脱模</u> 工序

序号	质检内容	质检标准(单位:mm)	自检结果	备注	
1	表观质量	无气孔、蜂窝、边角无磕碰损伤;板面脱模无损坏等			
2	长度	①<6m,±5;②≥6m 且≤12m,±10;③>12m,±20			
3	宽度	±5			
4	高度	±5			
6	灌浆套筒	无移位,无混凝土残渣、无堵塞			
7	预留预埋	预埋件和预留孔、洞等清除干净,尺寸符合图纸尺寸			
8	钢筋	无露筋现象			
9	标识	位置正确、清晰			
10	其他	均符合图纸及工艺要求			
工序自检员			工班长	生产日期	

质量异常记录:

质量返修记录:

预制板生产过程检验记录表　　　　表 5-15

项目名称		构件编号(楼层)		生产订单号	

<u>组模、配筋</u> 工序

序号	质检内容	质检标准(单位:mm)	自检结果	备注	
1	模面清理	无杂物,干净			
2	涂刷脱模油	均匀,无遗漏、积液			
3	长度	①<6m,(1,-2);②≥6m 且≤12m,(2,-4);③>12m,(3,-5)			
4	宽度、高(厚)度	2,-4			
5	对角线	3			
6	布筋	规格、位置符合图纸要求			

<u>组模、配筋</u>工序

序号	质检内容	质检标准(单位:mm)	自检结果	备注
7	钢筋网片网眼尺寸	±10		
8	钢筋网片端头不齐	5		
9	桁架筋长度	总长度的±0.3%,且不超过±10		
10	桁架筋高度	+1,-3		
11	桁架筋宽度	±5		
12	保护层	±3		
工序自检员			互检员	生产日期

<u>预留预埋</u>工序

序号	质检内容	质检标准(单位:mm)		自检结果	备注
1	预埋线盒、电盒	中心线位置	10		
		平面高差	0,-5		
2	预留孔洞	中心位置偏移	5		
		尺寸	±5		
工序自检员				互检员	生产日期

<u>浇捣养护</u>工序

序号	质检内容	质检标准(单位:mm)	自检结果	备注
1	浇捣时间	日期/时间		
2	布料、振捣	布料均匀;振捣充分、密实		
3	拉毛深度	4		
4	养护	保证构件温度、湿度,符合养护要求		
工序自检员			互检员	生产日期

<u>脱模</u>工序

序号	质检内容	质检标准(单位:mm)	自检结果	备注
1	表观质量	无气孔、蜂窝、边角无磕碰损伤;板面脱模无损坏等		
2	长度	①<6m,±5;②≥6m且≤12m,±10;③>12m,±20		
3	宽度	±5		
4	厚度	±5		
5	对角线差	6		
6	预埋预留	预埋线盒和预留洞口清除干净,尺寸符合图纸尺寸		
7	钢筋外露长度	±5		
8	桁架钢筋扭翘	≤5		
9	标识	位置正确、清晰		
10	其他	均符合图纸及工艺要求		
工序自检员			互检员	生产日期

质量异常记录:

质量返修记录:

（3）首件验收及生产成品质量检验：

对新项目首次生产，首次批量生产的第一个完工的半成品和成品，必须经过首件检验和确认。首件验收记录可参考表 5-16。

生产成品质量检查记录是指预制混凝土构件生产完成后发货前进行的成品质量检查并形成的检查记录。生产成品质量检查记录参考表 5-17。（表格格式、项目及参数仅供参考）

预制构件首件验收记录表　　　　　　　　　　　表 5-16

工程项目名称			执行标准	GB 50204—2015 GB/T 51231—2016	
构件编号			图纸编号		
生产日期			检查日期		
分项	质量验收规范规定			判　　定	
主控项目	1.预制构件应在明显部位标明生产单位、构件型号、生产日期和质量验收标志。构件上的预埋件、插筋和预留孔洞的规格、位置和数量应符合标准图或设计的要求			合格	不合格
	2.预制构件的外观质量不应有严重缺陷。对已经出现的严重缺陷，应按技术处理方案进行处理，并重新检查验收			合格	不合格
	3.预制构件不应有影响结构性能和安装、使用功能的尺寸偏差。对超过尺寸允许偏差且影响结构性能和安装、使用功能的部位，应按技术处理方案进行处理，并重新检查验收			合格	不合格
一般项目（尺寸偏差）	检查项目		质量要求（mm）	实测	判定
	长度	墙板	允许偏差±4		合　否
		梁、柱	允许偏差±5		合　否
		楼板			合　否
	宽度、高（厚）度	墙板	允许偏差±4		合　否
		梁、柱	允许偏差±5		合　否
		楼板			合　否
	侧向弯曲	梁、柱、楼板	允许偏差 $L/750$ 且≤20		合　否
		墙板	允许偏差 $L/1000$ 且≤20		合　否
	预埋钢板	中心线位置	允许偏差5		合　否
		平面高差	允许偏差0，—5		合　否
	预埋螺栓、套筒、螺母	中心线位置	允许偏差2		合　否
	预留孔	中心线位置	允许偏差5		合　否
	预留洞	中心线位置	允许偏差5		合　否
	扭翘	楼板	允许偏差1/750		合　否
		墙板	允许偏差1/1000		合　否
	对角线差	楼板	允许偏差6		合　否
		墙板	允许偏差5		合　否

分项	质量验收规范规定			判　定	
	检查项目		质量要求(mm)	实测	判定
一般项目(尺寸偏差)	表面平整度	预制梁板、墙板	允许偏差 4		合　否
	保护层厚度	楼板、墙板	允许偏差±3		合　否
		梁、柱	允许偏差±5		合　否
	预留插筋	中心线偏差	允许偏差 3		合　否
		外露长度	允许偏差±5		合　否
	键槽	中心线偏差	允许偏差 5		
		长、宽、深	允许偏差±5		
一般项目(外观质量)	检查项目		质量要求	实测	判定
	露筋		纵向受力钢筋不应有露筋,其他钢筋不宜有少量露筋		合　否
	蜂窝		构件主要受力部位不应有蜂窝,其他部位不宜有少量蜂窝		合　否
	孔洞		构件主要受力部位不应有孔洞,其他部位不宜有少量孔洞		合　否
	夹渣		构件主要受力部位不应有夹渣,其他部位不宜有少量夹渣		合　否
	疏松		构件主要受力部位不应有疏松,其他部位不宜有少量疏松		合　否
	裂缝		构件主要受力部位不应有影响结构性能或使用功能的裂缝,其他部位不宜有少量不影响结构性能或使用功能的裂缝		合　否
	连接部位缺陷		连接部位不应有影响结构传力性能的缺陷,连接部位不宜有基本不影响结构传力性能的缺陷		合　否
	外形缺陷		清水混凝土构件不应有影响使用功能或装饰效果的外形缺陷,其他混凝土构件不宜有不影响使用功能的外形缺陷		合　否
	外表缺陷		具有重要装饰效果的清水混凝土构件不应有外表缺陷,其他混凝土构件不宜有不影响使用功能的外表缺陷		合　否

检查数量:1.主控项目:全数检查;

2.一般项目:尺寸偏差:同一工作班生产的同类型构件,抽查 5% 且不少于 3 件;

外观尺寸:全数检查

验收规则:符合下列规定时,预制构件质量评为合格:

1.主控项目全部合格;

2.一般项目的质量经检验合格,且没有出现影响结构安全、安装施工和使用要求的缺陷;

3.一般项目中允许偏差项目的合格率大于等于 80%,允许偏差不得超过最大限值的 1.5 倍,且没有出现影响结构安全、安装施工和使用要求的缺陷

验收意见:

工程名称			楼栋、楼层		构件名称、型号		
生产单位			负责人		生产日期		

主控项目检查	项目		检查部位及质量情况
	外观质量严重缺陷		
	预制构件上的预埋件、预留插筋、预埋管线等		
一般项目检查	构件标识		
	外观质量一般缺陷		
	预制构件的粗糙面的质量及键槽的数量		

现场测量	测量部位 项目									
	长度	楼板、梁、柱、桁架	＜12m							
			≥12m 且＜18m							
			≥18m							
		墙板								
	宽度、高（厚）度	楼板、梁、柱、桁架墙板	设计尺寸							
			实测尺寸							
			设计高（厚）度							
			实测高（厚）度							
	表面平整度	楼板梁柱墙板内表面								
		墙板外表面								
	侧向弯曲	楼板	$L=$							
		梁	$L=$							
		柱	$L=$							
		墙板	$L=$							
		桁架	$L=$							
	翘曲	楼板	$L=$							
		墙板	$L=$							
	对角线	楼板								
		墙板								
	预留孔	中心线位置								
		孔尺寸	设计值							
			实测值							

现场测量	预留洞	中心线位置												
		洞口尺寸	设计值											
			实测值											
		深度	设计深度											
	预埋件	预埋板中心线位置												
		预埋板与平面高差												
		预埋螺栓												
		预埋螺栓外露长度	设计长度											
		套筒、螺母中心线位置												
		套筒、螺母与平面高差												
	预留插筋	中心线位置												
		外露长度	设计长度											
	键槽	中心线位置												
		长度	设计长度=											
		宽度	设计宽度=											
		深度	设计深度=											

专业工长：　　　　　　　　质量检查员：　　　　　　　　监理工程师：

　年　月　日

5.2.2　资料交付要求

（1）构件出厂时，应提供出厂质量证明文件。出厂质量证明文件应包含产品合格证、钢筋套筒等其他构件钢筋连接类型的工艺检验报告、混凝土强度检验报告、混凝土原材料复试检验报告、钢筋复试检验报告及其他主要材料复试检验报告、构件清单等。产品合格证样式可参考表5-18。（表格格式、项目及参数仅供参考）

（2）检验报告原件应在构件生产企业存档保留，以便需要时查阅。检验应由预制构件生产厂家按生产批次进行检测，并形成检测报告。检测批次按国家现行相关标准的有关规定进行。

表 5-18

预制构件出厂合格证

工程名称＿＿＿＿＿＿＿＿
订货单位＿＿＿＿＿＿＿＿

合同编号＿＿＿＿＿＿＿＿
合格证编号＿＿＿＿＿＿＿

签发日期：　　年　　月　　日

构件名称及型号	规格尺寸 (mm)	生产日期 (年、月、日)	出厂件数	混凝土				主筋			结构性能		备注
				设计强度等级	出厂强度 (MPa)		设计规格及数量	实际配筋	检测报告编号		结论	检验日期	
					放张	28d							

生产厂（公章）＿＿＿＿＿＿＿　　　　　　　　　　　　　　　签发人（签字）＿＿＿＿＿＿＿

5.3 本章小结

本章介绍了预制构件生产资料管理的一般规定要求、生产过程检验记录要求、首件验收及生产成品质量检验记录要求、出厂资料交付要求，提供了生产过程检验记录样表、首件验收及生产成品质量检验记录样表、出厂合格证样表等供大家参考。随着生产技术的发展和实际工程对产品质量更严格的要求，做好产品质量控制，加强技术储备，将有利于预制构件的应用和发展。

第二部分　建筑用轻质条板隔墙

第六章　概　况

6.1　说明

建筑用轻质条板隔墙的说明见表 6-1。

建筑用轻质条板隔墙说明　　　　　　　　　　　表 6-1

项次	说明
1	随着我国新型墙体材料迅速发展，其中应用于建筑隔墙的轻质条板的生产与应用规模逐年扩大。轻质条板隔墙主要用于民用建筑和一般工业建筑工程中的非承重隔墙，例如分室隔墙和分户隔墙、走廊隔墙、楼梯间隔墙等
2	适用于抗震设防烈度为 8 度和 8 度以下地区及非抗震设防地区
3	在建筑工程中应用量较大的轻质条板产品包括混凝土轻质条板、玻璃纤维增强水泥条板、玻璃纤维增强石膏空心条板、钢丝(钢丝网)增强水泥条板、硅镁加气混凝土空心条板、复合夹芯条板等
4	轻质条板隔墙工程应符合国家现行有关标准的规定

6.2　常用标准

常用标准见表 6-2。

常用应用标准一览表　　　　　　　　　　　表 6-2

项次	标准名称	标准编号
1	《建筑用轻质隔墙条板》	GB/T 23451
2	《建筑轻质条板隔墙技术规程》	JGJ/T 157
3	《蒸压加气混凝土板》	GB 15762
4	《钢筋陶粒混凝土轻质墙板》	JC/T 2214
5	《建筑隔墙用轻质条板通用技术要求》	JG/T 169

6.3　分类

建筑轻质条板隔墙的分类见表 6-3。

| | 建筑轻质条板隔墙的分类 | 表 6-3 |

项次	种类	
1	轻质条板	面密度不大于 $190kg/m^3$,长宽比不小于 2.5,采用轻质材料或大孔洞轻型构造制作的,用于非承重内隔墙的预制条板。简称条板
2	空心条板	沿板材长度方向布置有若干贯通孔洞的轻质条板
3	实心条板	无孔洞的轻质条板
4	复合夹芯条板	由两种及两种以上不同功能材料复合或由面板与夹芯层材料复合制成的轻质条板
5	轻质条板隔墙	用轻质条板组装的非承重内隔墙。简称条板隔墙

6.4 建筑轻质条板隔墙材料及技术要求

6.4.1 原材料及配套材料

原材料及配套材料要求见表 6-4。

| | 原材料及配套材料要求 | 表 6-4 |

项次	要求
1	条板的原材料应符合国家现行有关产品标准的规定,并应优先采用节能、利废、环保的原材料,不得使用国家明令淘汰的材料
2	条板隔墙安装时采用的配套材料应符合国家现行有关标准的规定
3	用于条板隔墙的板间接缝的密封、嵌缝、粘结及防裂增强材料的性能应与条板材料性能相适应
4	固定条板隔墙的木楔宜采用三角形硬木楔,预埋木砖应作防腐处理
5	条板隔墙安装使用的镀锌钢卡和普通钢卡、销钉、拉结钢筋、锚固件、钢板预埋件等的用钢,应符合国家现行建筑用钢标准的规定
6	镀锌钢卡和普通钢卡的厚度不应小于 1.5mm。镀锌钢卡的热浸镀锌层不宜小于 $175g/m^2$;普通钢卡应进行防锈处理,并不应低于热浸镀锌的防腐效果
7	复合夹芯条板隔墙所用配套材料及嵌缝材料的规格、性能应符合设计要求,并应符合国家现行有关标准的规定

6.4.2 技术要求

建筑轻质条板隔墙技术要求见表 6-5。

| | 建筑轻质条板隔墙技术要求 | | 表 6-5 |

项次	要求	规定
1	条板应符合现行行业标准《建筑隔墙用轻质条板通用技术要求》JG/T 169 的有关规定	—
2	条板可按其用途分为普通条板、门框板、窗框板和与之配套的异形板等辅助板材	—

项次	要求	规定
3	条板的主要规格尺寸应符合右侧规定	1.条板的长度标志尺寸(L)应为楼层高减去梁高或楼板厚度及安装预留空间,并宜为2200～3500mm; 2.条板的宽度标志尺寸(B)宜按100mm递增; 3.条板的厚度标志尺寸(T)宜按10mm递增,也可按25mm递增
4	对于两侧为凹凸榫槽的条板,凹凸榫槽不得有缺损,对接应吻合	—
5	对于空心的门框板、窗框板,靠门框一侧应为平口,距板边不小于120mm范围内应为实心;靠门框和窗框一侧可加设专用预埋件、固定件与门、窗固定	—
6	复合夹芯条板的面板和芯材应符合国家现行有关产品标准的规定,并应符合右侧规定	1.面板应采用燃烧性能为A级的无机类板材; 2.芯材燃烧性能应为B1级及以上,并应按现行国家标准《建筑材料不燃性试验方法》GB/T 5464的有关规定进行检测; 3.面层与芯层应粘结密实、连接牢固,无脱层、翘曲、折裂及缺损,不得出现空鼓和剥落; 4.对于纸蜂窝夹芯条板,芯板应为连续蜂窝状芯材,面密度不应小于6kg/m²;单层蜂窝厚度不宜大于50mm,当大于50mm时应设置多层的结构

6.5 本章小结

本章主要介绍了建筑轻质条板隔墙的说明、相关分类、原材料及施工配套材料要求及具体技术要求等。建筑轻质条板隔墙是一种新型环保节能墙体材料产品,其具有重量轻、强度高、吸水收缩率低、保温、隔热、隔声等优点,市场发展前景十分广阔。

第七章 主要产品示例一：蒸压轻质加气混凝土墙板（简称 ALC 墙板）

蒸压轻质加气混凝土墙板说明见表 7-1。

蒸压轻质加气混凝土墙板（简称 ALC 墙板）简介   表 7-1

产品生产工艺	蒸压轻质加气混凝土墙板（Autoclaved Lightweight Concrete）简称 ALC 墙板，是以硅砂、水泥、石灰为主要原料，由经过防锈处理的钢筋增强，经过高温、高压、蒸汽养护而成的多气孔混凝土制品	 产品示意图
产品性能与特点	蒸压轻质加气混凝土墙板具有轻质高强、保温节能、抗震防火、绿色环保、施工便捷等优良的性能指标，可广泛应用于各类型建筑物	

7.1 产品规格、性能

7.1.1 ALC 墙板规格及允许偏差

ALC 墙板规格尺寸见表 7-2。

ALC 墙板规格尺寸表   表 7-2

规格	板厚（mm）	板长（mm）	板宽（mm）
1	75	3000	
2	100	4000	
3	125	5000	600
4	150	6000	
5	175	6000	
6	200	6000	

7.1.2 ALC 墙板基本性能

ALC 墙板基本性能包括干密度、抗压强度、干燥收缩值、抗冻性、导热系数等，见表 7-3。

	ALC 墙板基本性能一览表		表 7-3
项目		单位	性能指标
强度级别			A3.5
干密度级别			B05
干密度		kg/m³	≤525
抗压强度	平均值	MPa	≥3.5
	单组最小值		≥2.8
干燥收缩值	标准法	mm/m	≤0.50
	快速法		≤0.80
抗冻性	质量损失	%	≤5.0
	冻后强度	MPa	≥2.8
导热系数		W/(m·K)	≤0.14
单点吊挂力		N	≥1200
燃烧性能			不燃烧体

7.1.3 ALC 墙板的隔声

ALC 墙板的隔声参见表 7-4。

	ALC 墙板隔声性能	表 7-4
ALC 墙板厚度(mm)	平均隔声量(dB)	表面装饰做法
100	36.7	光板
	40.8	两面各 1mm 涂料腻子
125	41.7	光板
	45.1	两面各 3mm 砂浆
150	43.8	光板
	45.6	两面各 3mm 涂料腻子
175	46.7	光板
	48.1	两面各 1mm 涂料腻子
200	47.6	光板
	49.1	两面各 3mm 涂料腻子

7.2 ALC 墙板的生产

ALC 墙板生产前，生产企业需对原材料进行检测，符合要求方可用于生产，并做好生产前准备，对钢筋配筋设计和混凝土配合比设计、优化进行策划。

7.2.1 原材料要求

蒸压轻质加气混凝土墙板主要原材料包括水泥、石灰、砂、铝粉（膏）、石膏、钢筋、钢筋防腐剂、水等。

各类原材料要求见表 7-5、表 7-6。

原材料要求一览表 表 7-5

序号	名称	要求
1	水泥	水泥应符合《通用硅酸盐水泥》GB 175 规定的 42.5 P·Ⅰ、42.5P·Ⅱ要求或 42.5P·O
2	石灰	石灰应符合《硅酸盐建筑制品用生石灰》JC/T 621 要求
3	砂	砂应符合《硅酸盐建筑制品用砂》JC/T 622 要求
4	铝粉(膏)	铝粉膏应符合《加气混凝土用铝粉膏》JC/T 407 的要求;铝粉应符合《铝粉 第 2 部分:球磨铝粉》GB/T 2085.2 中发气铝粉的要求
5	钢筋	钢筋应符合《低碳钢热轧圆盘条》GB/T 701、《钢筋混凝土用钢 第 2 部分:热轧带肋钢筋》GB/T 1499.2 和《冷轧带肋钢筋》GB/T 13788 的要求
6	石膏	可用的石膏主要有天然石膏、脱硫石膏、磷石膏等,石膏的 $CaSO_4 \cdot 2H_2O$ 含量应大于或等于 75%
7	钢筋防腐剂	钢筋防腐剂的防腐性能应符合《蒸压加气混凝土板钢筋涂层防锈性能试验方法》JC/T 855 要求
8	水	水应符合表 7-6 的规定

水质要求一览表 表 7-6

pH	溶解性固体 (mg/l)	悬浮性固体 (mg/l)	Cl^- (mg/l)	SO_4^{2-} (mg/l)
6<x≤9	<2000	<100	≤500	≤600

7.2.2 钢筋配筋

(1) 钢筋配筋需要通过对不同规格 ALC 墙板进行承载力、刚度、挠度计算,计算依据《建筑结构可靠性设计统一标准》GB 50068 及《蒸压加气混凝土板》GB 15762 规定的原则。

ALC 墙板的配筋基本要求见表 7-7。

ALC 墙板配筋基本要求 表 7-7

序号	基本要求
1	ALC 墙板的主筋以及横筋直径不得小于 4mm
2	ALC 墙板的主筋及横筋的保护层厚度不应小于 10mm,屋面板和楼板端部 30mm 处,必须配置横筋,从板材端部算起的 200mm 内应配置 2 根以上横筋
3	ALC 墙板的主筋,对墙板下网主筋的直径不宜大于 9mm,其间距不应大于 300mm,数量不少于 3 根,主筋末端应配置横向锚固钢筋,并与主筋焊接。横筋直径≥4mm。中间横筋间距应不大于 1200mm。楼板和屋面板受压区应配置不少于 2 根的纵向钢筋,并与横向钢筋焊接
4	受弯板材中必须采用焊接网片和焊接骨架配筋,严禁采用绑扎钢筋网片和骨架。钢筋网片必须采用防锈蚀性能可靠并具有良好粘力的防锈液进行处理

（2）ALC墙板的配筋示意图

ALC墙板的配筋示意见图7-1。

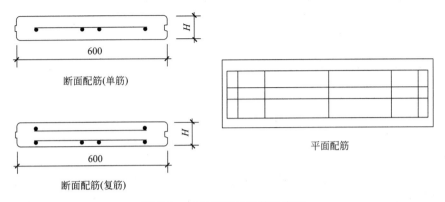

图 7-1　ALC墙板的配筋示意图

7.2.3　配合比设计

1. 选定基本配合比

根据加气混凝土的不同类型从表7-8中初步选定基本配合比。

各类型加气混凝土配合比范围　　　　　　　　　表 7-8

名称	单位	水泥-石灰-砂	水泥-石灰-粉煤灰	水泥-矿渣-砂
水泥	%	10～20	6～15	18～20
石灰	%	20～30	18～25	—
矿渣	%	—	—	30～32
砂	%	55～65	—	48～52
粉煤灰	%	—	65～70	—
石膏	%	≤3	3～5	—
铝粉膏	‰	0.8	0.8	0.8
水料比		0.65～0.75	0.60～0.65	0.55～0.65
浇筑温度	℃	35～38	36～40	40～45
铝粉搅拌时间	s	30～40	30～40	15～25

2. 确定最佳钙硅比

钙硅比（C/S）=加气混凝土原材料中的 CaO 与 SiO_2 的总和的摩尔数比，写成 C/S。需要说明的是最佳钙硅比并不是一个固定的值，它与加气混凝土品种、原材料质量、细度、水料比（水/总干料）及生产工艺、技术参数有关，需要通过小试、中试和生产性验证来确定最佳钙硅比（最佳钙硅比范围见表7-9）。

加气混凝土类型	钙硅比(C/S)
水泥-石灰-砂加气混凝土	0.7～0.8
水泥-石灰-粉煤灰加气混凝土	0.8 左右
水泥-矿渣-砂加气混凝土	0.54 左右

3.确定最佳水料比

水料比＝总用水量/基本组成材料干重量

水料比不仅为了满足化学反应的需要，更重要的是为了满足浇筑成型的需要。适当的水料比可以使料浆具有适宜的流动性，为发气膨胀提供必要的条件，适当的水料比可以使料浆保持适宜的极限剪切应力，使发气顺畅，料浆稠度适宜，从而使加气混凝土获得良好的气孔结构，进而对加气混凝土的性能产生有利的影响。

7.2.4　生产场地及设备

1.生产场地

ALC 墙板生产项目的建设用地包括生产主车间（含原材料储库）、蒸汽供应系统、水电供应系统、物流系统、行政管理和生活服务设施的建设用地、成品堆场用地、道路用地、绿化用地等。厂区用地指标根据生产线建设规模（设计产能规模）会有所不同，其用地指标可参考表 7-10。

ALC 墙板工厂场地配置参考　　　　表 7-10

建设规模（万 m³/年）	用地指标(m²)	生产厂房(m²)	成品堆场(m²)
30	47000	18000	18000

2.生产用设备

ALC 墙板生产用设备主要包括：计量设备、储存设备、搅拌设备、模具系列、吊具系列、去底设备、运载设备、轨道牵引设备、切割设备、蒸压养护设备、成品设备、板材设备 12 大类。

生产用设备名称及用途见表 7-11。

生产用设备名称及用途一览表　　　　表 7-11

序号	设备名称	用途
1	计量设备	
1.1	粉料秤	用于石灰、水泥等粉状物料计量的设备,主要包括简体、传感器、显示器和阀门等
1.2	料浆秤	用于粉煤灰、砂等粉状物料及水的混合料浆计量的设备,主要包括简体、加热器、传感器、显示器和阀门等
1.3	水秤	用于水计量的设备,主要包括简体、加热器、传感器、显示器和阀门等
2	储存设备	

序号	设备名称	用途
2.1	粉料仓(库)	用于储存粉状物料的大型容器,一般由钢板或混凝土构成
2.2	料浆(罐)池	用于承接上下道工序过渡的料浆储存设备,主要包括筒(壳)体、搅拌器和阀门等,一般在地面以上时采用钢筒(壳)体,称为料浆罐;在地面以下时采用混凝土筒(壳)体,称为料浆池
2.3	料浆储罐	用于储存料浆的容器,主要包括筒(壳)体、搅拌器和阀门等
3	搅拌设备	
3.1	制浆搅拌机	用于粉煤灰、砂等粉状物料加水搅拌制浆的设备,主要包括筒(壳)体、搅拌器和阀门等,一般在地面以下时采用混凝土筒(壳)体,在地面以上时采用钢筒(壳)体
3.2	浇筑搅拌机	用于各种物料及水进行混合并完成浇筑的设备,主要包括筒体、搅拌器、温度调整及控制系统和阀门等
3.3	铝粉搅拌机	用于将铝粉与水配制成要求浓度的浆体,配有铝粉(膏)投料系统和储存系统的计量搅拌机
3.4	废浆搅拌机	用于收集生产过程中废浆废水的搅拌机。由混凝土筒(壳)体、搅拌器构成,当需要实现自动控制时,可加设废浆浓度控制系统
3.5	电振消泡器	采用高频振动,用于消除浇筑后料浆中存在的大气泡的设备,一般按安装方式分固定式和摆渡车式
4	模具系列	
4.1	模框	用于和侧(底)板组成模具,以完成料浆发气膨胀并初步硬化的设备
4.2	侧(底)板	用于和模框组成模具,以完成料浆发气膨胀并初步硬化的设备
4.3	小车	用于运载模具及坯体的设备,一般只用于蒸压养护的小车,也叫蒸养车
5	吊具系列	
5.1	翻转吊具	用于模具吊运,并完成模具的翻转、脱模、组模等功能的器具,包括翻转机构、脱模机构、导向装置、液压系统及控制系统等
5.2	半成品吊具	用于侧板及坯体和成品吊运的器具,包括吊具和导向装置等
6	去底设备	
6.1	去底吊具	用于坯体在完成切割后,对其进行翻转以去除底部废料并完成吊运码坯的设备
6.2	去底翻转台	用于坯体在完成切割后,对其进行翻转以去除底部废料的设备
7	运载设备	
7.1	摆渡车	用于不同轨道间过渡的运载设备,也称横移车。摆渡车按用途分类:浇筑摆渡车、切割摆渡车、编组摆渡车和出釜摆渡车
7.2	吊运传送车	用于和翻转吊具、半成品吊具及去底吊具组合,共同完成输送、翻转和去底的设备。按用途分类:翻转传送车、半成品(码坯)传送车、去底传送车、成品传送车

序号	设备名称	用途
7.3	辊道	用于模具、侧板、侧板及成品在地面传送的设备,由多组有动力辊和无动力辊及控制系统组成
7.4	侧板传送机	用于侧板、侧板及成品在地面传送的设备,由多组托轮、牵引装置组成
7.5	侧板清理机	用于侧板清理的设备,一般与侧板辊道或侧板传送机配合使用
8	轨道牵引设备	
8.1	摩擦轮	靠摩擦力推动模具行走的装置
8.2	轨道牵引机	以链条传动或绳缆传动牵引模具、小车在轨道上行走的装置
8.3	改向轮	当采用卷扬机牵引时,为改变绳缆牵引方向的装置
9	切割设备	
9.1	分步式空翻切割机	脱模后的坯体侧立于切割小车,经过切割机组的不同工位,分别进行纵切、铣槽、横切、掏孔等加工的系统设备,一般包括切割小车系统、纵切机构、横切机构、真空吸罩及控制系统五大部分。纵切机构具有纵切、大面铣削、铣槽和退换刀功能;横切机构具有置换、横切和掏孔功能
10	蒸压养护设备	
10.1	蒸压釜	用于对坯体进行蒸压养护,使其完成水热合成反应并获得物料力学性能的设备,工作压力为 1.3~1.6MPa,工作温度为 191~201℃
10.2	过桥车	用于连接地面轨道和釜内轨道,可通过电力或人力行走的设备
10.3	过桥器	用于连接地面轨道和釜内轨道,可通过升降以保证釜门开闭的设备
11	成品设备	
11.1	分模传送机	采用两模以上整体吊运方式时,为使成品夹具夹运而完成整模成品之间分开的设备
11.2	分掰机	用于对出釜成品进行分掰的设备,一般包括分掰系统、提升系统和控制系统。分掰机一般分固定式和移动式两种,固定式安装于地面,又分坯体升降式和坯体固定式;移动式则与桥式起重机配合工作
11.3	包装输送机	用于成品包装传送的链式输送机组。包装输送机分单模式和双模式,单模式带转角链,双模式带并模机
11.4	并模机	配合于包装输送机,将两模制品合并在一起的设备。并模机分整模式和单元式
11.5	敷板机	配合于包装输送机,进行自动敷设包装托板的设备。敷板机分单模式和双模式
11.6	打包机	配合于包装输送机,进行自动打包的设备。打包机分单模式和双模式
12	板材设备	
12.1	钢筋浸涂槽	用于钢筋网(笼)浸涂涂料的设备
12.2	涂料烘干机	用于对浸过涂料的钢筋网(笼)进行烘干的设备

序号	设备名称	用途
12.3	网(笼)烘干架	用于架起网(笼)在烘干机中进行烘干的器具
12.4	钢钎	用于固定网片于网(笼)鞍架的器具
12.5	钢钎座	用于存放钢钎的器具
12.6	网(笼)鞍架	用于组合网(笼),并使成组网(笼)固定于模具的器具
12.7	网(笼)组装架	用于将钢筋网(笼)组合在网(笼)鞍架的设备,同时具有将网(笼)鞍架移动和传送的功能
12.8	网(笼)置入机	用于将组合在网(笼)鞍架上的成组网(笼)置入到模具的设备
12.9	拔钎机	用于在切割前拔去钢钎的设备

7.2.5 生产工艺流程

(1) ALC 墙板生产工艺流程图,见图 7-2。

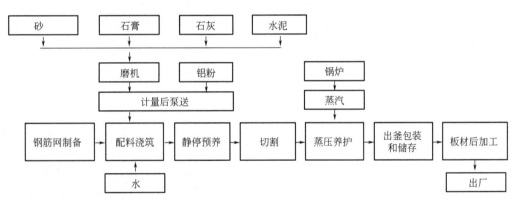

图 7-2 ALC 墙板生产工艺流程图

(2) 生产各工序操作要点

ALC 墙板生产各工序操作要点见表 7-12。

ALC 墙板生产各工序操作要点

表 7-12

序号	工序	操作要点	图示
1	钢筋网制备	1.钢筋应调直,并应经除锈处理; 2.钢筋焊接应采用高压点焊,按产品规格焊接成钢筋网; 3.防锈涂料以浸渍方式浸涂,浸涂时钢筋网不得锈蚀; 4.钢筋网浸涂后应进行烘干处理; 5.成品钢筋网片应设存放区,存放和运输时钢筋网应侧立	

序号	工序	操作要点	图示
2	配料浇筑	1. 给料量宜可调,调节范围应为 10%; 2. 主要物料宜采用分别计量和下料; 3. 物料的计量宜采用电子计量设备,计量精度误差不应大于 0.5%; 4. 料浆中间储存和搅拌浇筑设备宜配有水量的调节系统; 5. 配料浇筑系统应设置中间检验取样装置和温度显示装置	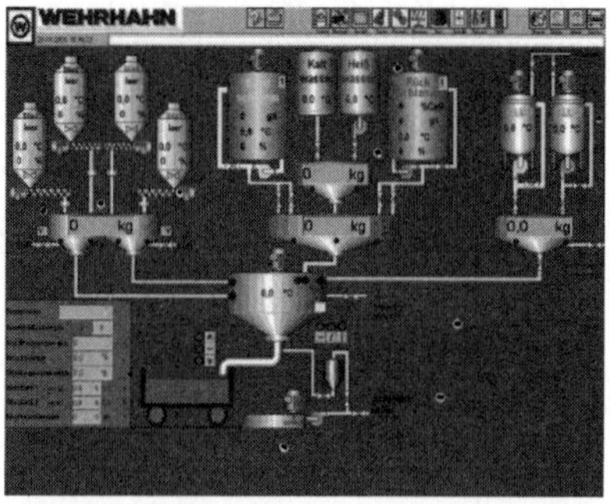
3	静停预养	1. 宜设置排除气泡装置; 2. 静停预养应满足料浆在浇筑后能正常发气膨胀、稠化硬化的要求。预养宜在 40℃以上的热室完成; 3. 静停预养应方便模具及坯体的移动,并不应对坯体产生破坏; 4. 工艺控制人员应对发气膨胀和稠化硬化过程进行监视和检验; 5. 静停预养的加热换热器不宜靠近模具	
4	切割	1. 切割精度应满足《蒸压加气混凝土板》GB 15762 的要求; 2. 应及时清理板材槽口刀具上粘连的边废料,定期检查保养板材刀具; 3. 注意切割后的边废料及时回收再利用	
5	蒸压养护	1. 养护介质宜为不低于 1.2MPa 饱和蒸汽(表压); 2. 蒸压养护制度: 抽真空:0~-0.06MPa 0.5~0.75h; 升压:-0.06~1.2MPa 1.5~2.0h; 恒压:1.2MPa(温度 188℃) 6.0~8.0h; 降压:1.2~0.0MPa 1.5~2.0h; 合计:12.0h(含进出釜) 蒸压养护周期不宜少于 12h	

序号	工序	操作要点	图示
6	出釜包装和储存	1. 板材出釜后应进行检查分拣，分等分级进行包装、运输和储存； 2. 出釜包装系统宜设置专用的分瓣、分拣、包装设备； 3. 成品储存应注意防雨措施； 4. 包装宜采用托板并配以适当的固定方式，避免产品在运输过程中破损；宜采用塑料膜作防雨包装； 5. 板材生产线应设置室内板材修补区域及相应的装置； 6. 成品输送和堆放应避免多次倒运，成品堆放高度应满足相关标准的要求	
7	板材后加工	1. 板材后期处理包括切割、铣削、镂刻花纹及其他表面饰面加工等； 2. 板材后期处理的工艺和要求需根据产品要求确定	

7.3 质量管理

7.3.1 质量管理制度

（1）为保证 ALC 墙板的产品质量控制，生产企业应制定建立各项完整的质量管理制度。

（2）管理制度包括：质量管理组织架构；质量责任制；生产工艺流程控制图表；原材料、半成品、成品的技术条件管理；质量分析制度；质量统计报告制度；考勤奖惩制度；质量技术档案管理制度；计量管理制度；抽查对比制度；样品保管制度；访问用户制度；质量事故报告和处理制度等。

生产企业应结合企业的实际情况制定相应的质量管理制度，以上相应管理制度仅供参考。

7.3.2 原材料的质量管理

（1）企业要根据生产规模设置原材料堆场或贮库。进厂原材料应分批验收、分质堆放。

（2）企业应制定主要原材料的技术要求，不符合技术要求的材料不得用于生产。企业应具备检测其化学成分和物理力学性能的手段。生产企业还应具备钢筋、防腐涂料的检测手段。

(3) 原材料进货检验项目及检验频率要求见表 7-13。

原材料进货检验项目及检验频率一览表 表 7-13

原材料	检验项目		要求	频率
石灰	CaO 总量		≥70%	1 次/周
	有效 CaO 含量		≥60%	1 次/周
	MgO 含量		≤5%	1 次/周
	消解	$T_{结束}$	≥60℃	1 次/周
		$t_{60℃}$	4～15min	1 次/周
		$t_{最高温度}$	6～20min	1 次/周
铝粉膏	固含量		≥65%	1 次/批
	活性铝		≥85%	
	细度 0.075mm 筛余		≥3%	
水泥	CaO 总量		≥55%	2 次/月
	MgO 含量		≤5%	2 次/月
	烧失量		<5%	2 次/月
	SiO_2 含量		≥20%	2 次/月
	Al_2O_3 含量		7.0%	2 次/月
	Fe_2O_3 含量		3.5%	2 次/月
	细度		200 目通过量 100%	2 次/月
	初凝时间		110～150min	2 次/月
	终凝时间		190～260min	2 次/月
砂	含水率		≤15%	1 次/批
	SiO_2 含量		≥85%	1 次/周
	烧失量		≤6%	1 次/周
脱硫石膏	含水率		≤15%	1 次/周
	SO_3 含量		≥42%	1 次/周
钢筋	屈服强度		>300MPa	1 次/批
	抗拉强度		>550MPa	
	延伸率		>3%	
	直径		+0mm，−0.2mm	

7.3.3 半成品的质量管理

(1) 严格执行浇筑、静停工艺规程、制度；对钢筋网片制作质量（平整度、配筋、焊接），防腐质量认真检查，做好记录并及时汇总反馈到前工序；

(2) 使用仪器结合经验，控制静停时间，确保坯体具有适当的切割强度；

(3) 切割前后的制品应进行外观检验；

（4）严格执行蒸压制度，要保证足够的压力及恒温（压）时间、记录齐全；

（5）过程控制检验项目及检验频率要求见表7-14。

过程控制检验项目及检验频率一览表　　　　　　　　　　表7-14

项目名称	生产设备	检测项目		方法				控制方法	反应计划
		检测项	过程	产品/过程规范/公差	测量工具测量方法	样本容量	样本频率		
网片点焊	网片焊机	钢筋间距		要求尺寸±2mm	卷尺	抽检	1次/1规格,后目测	操作者自检,化验室抽查	隔离并检查操作架
		弯曲度		平整	目测	100%	不断进行	操作者自检,化验室抽查	隔离并检查操作架
		焊接强度	电流	焊接电流控制表	设定	首检	—	操作者自检,化验室抽查	隔离并检查/返工
		焊点		牢固	目测	抽检	不断进行	操作者自检,化验室抽查	重新焊接
防锈/除锈	防(除)锈剂槽	锈迹		极少量	目测	100%	1次/班	技质部检验	如有锈迹,进行除锈处理
		防腐浸涂		全部浸涂	目测	100%	不断进行	操作者自检,化验室抽查	重新浸涂
		涂层厚度		120～200μm	千分尺	首件	≥1次/班	生产部检验,化验室抽查	加水稀释或加防锈剂调整浓度
		防腐剂	生产过程	防腐剂生产标准配比	目测	首检	不断进行	操作者自检,化验室抽查	返工
装配	组装架	网片位置		按设计要求固定	目测	100%	不断进行	操作者自检,工艺员抽查	返工
		脱焊		5‰	手拉	100%	不断进行	操作者自检,工艺员抽查	返工
		防腐脱落		无	目测	100%	不断进行	操作者自检	返工
砂粉磨	球磨机	密度		1.54～1.65g/ml	量筒	首样	开机0.5h后	操作者自检,化验室抽查	调整过程参数直至符合要求
		稠度		25～28cm		随时	开机0.5h后	操作者自检	调整过程参数直至符合要求
		—	进水量	依据密度调整	人工	随时	不断进行	操作者自检	调整过程参数直至符合要求
			废浆量	按15%～20%添加	人工	随时	不断进行	操作者自检	调整过程参数直至符合要求
		—	磨机负荷	23±1A	电流表	抽检	1次/班	操作者自检	电流过小,添加研磨体

第七章　主要产品示例一：蒸压轻质加气混凝土墙板（简称ALC墙板）　215

项目名称	生产设备	检测项目		方法				控制方法	反应计划
		检测项	过程	产品/过程规范/公差	测量工具测量方法	样本容量	样本频率		
石灰	筒仓储存	细度		$100\mu m$ 筛余：$\leqslant 10\%$	筛分机	抽检	$\geqslant 1$ 次/d	化验室	通知生产部、磨机工
		化学分析		CaO：$\geqslant 70\%$ F_{CaO}：$\geqslant 60\%$	化学分析	抽检	$\geqslant 1$ 次/d	化验室	通知浇筑控制
		消解反应		$T_{结束}$：$\geqslant 60℃$ $t_{60℃}$：$4\sim 15min$ $t_{最高温度}$：$6\sim 20min$	检验方法	抽检	$\geqslant 1$ 次/d	化验室	通知浇筑控制
砂浆	砂浆仓	细度		$100\mu m$ 筛余：$\leqslant 20\%$	筛分	首样	$\geqslant 1$ 次/d	化验室	通知生产部
		密度		$1.54\sim 1.65g/ml$	量筒	首样	$\geqslant 1$ 次/d	化验室	通知生产部
浇筑	计量系统	砂浆稠度		$28\sim 30cm$	称量斗	100%	不断进行	操作者自检	通知生产部
			搅拌时间	按浇筑控制作业指导书	监视	100%	不断进行	计算机监控	具体内容，见作业指导书
			加料顺序	按浇筑控制作业指导书	监视	100%	不断进行		
		浇筑温度	温度	按当班工艺要求	监视	100%	不断进行	浇筑记录	
		浇筑稠度	加水量	按当班工艺要求	量筒	100%	不断进行	浇筑记录	
静停		静停时间		$2.5\sim 3.5h$	秒表	100%	不断进行	生产切割记录表	
		硬度		$450\sim 550$	硬度计	100%	不断进行	生产切割记录表	
切割	外形切割刀组 水平切割刀组 垂直切割刀组 切割机组	长度		要求尺寸 $\pm 4mm$	卷尺	首件	每一次刀具调整后、抽查	切割记录表	通知切割操作工
		宽度		要求宽度 $(0，-2)mm$	卷尺	首件		生产切割记录表	
		高度		要求高度 $\pm 2mm$	卷尺	首件		生产切割记录表	
		坯体中心温度		$\geqslant 78℃$	温度计	抽检	不断进行	生产切割记录表	调整浇筑配方，参见作业指导书

项目名称	生产设备	检测项目		方法				控制方法	反应计划
		检测项	过程	产品/过程规范/公差	测量工具测量方法	样本容量	样本频率		
蒸养		蒸汽压力		≥12.5kg	压力表	100%	随机监控	蒸压养护记录	通知锅炉房
		蒸养时间		按工艺规程	记录	100%	随机监控	蒸压养护记录	手动操作
		蒸养恒温温度		>180℃	温度计	100%	随机监控	蒸压养护记录	手动操作

7.3.4 成品的质量管理

（1）出厂产品要进行质量检验，由质量检验机构签发产品合格证后方能出厂；

（2）出厂产品应分等堆放，并且有足够的存放期；

（3）企业在处理不合格品时，除在供货合同中注明外，尚应另发使用说明书，详细说明准用、禁用的范围；

（4）企业要建立用户档案，定期走访用户，征求意见，改进质量；

（5）成品检验项目及检验频率见表7-15；

成品检验项目及检验频率一览表　　　　　　　　　　　表 7-15

	项目	技术要求	测量工具测量方法	检验容量	检验频率	控制方法	反应计划
成品检验	长度尺寸	尺寸偏差：±4mm	卷尺	抽检	随机	不合格产品分类统计表	不合格品处理
	宽度尺寸	尺寸偏差：(0，−2)mm	卷尺	抽检	随机	不合格产品分类统计表	
	高度尺寸	尺寸偏差：±2mm	卷尺	抽检	随机	不合格产品分类统计表表	
	外观	表面无油污，无疏松层裂；缺楞掉角个数：<1个；<30mm 无平面弯曲，无裂纹，符合国家标准规定	目测/卷尺	100%	不断进行	不合格产品分类统计表	
	绝干体积密度	B06：525～625kg/m³ B05：425～525kg/m³	天平,卡尺烘箱	抽检	3次/d	成品检测记录	不合格品处理
	立方体抗压强度	B06≥3.5N/mm² B05≥2.5N/mm²	抗压测试机	抽检	3次/d	成品检测记录	
	结构性能	符合国家标准	百分表、砝码、钢尺	抽检	1次/批	板材测试记录	

（6）ALC 墙板允许破损和修补范围见表 7-16；破损修补方法见表 7-17。

ALC 墙板允许破损和修补范围　　　　　　　　　　表 7-16

破损项	允许修补范围	图例
掉角	每块板端部宽度方向≤1 处 破损的宽度方向：b_1≤150mm 破损在厚度方向：d_1≤4/5D 破损在长度方向：L_1≤300mm	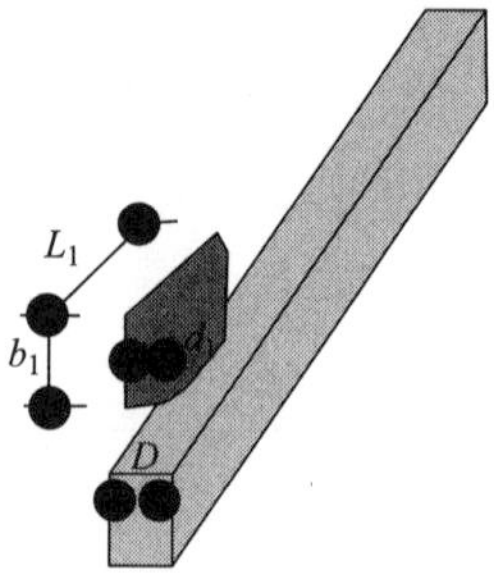
侧面损坏	长度≤3m 的板不多于 2 处，每处 b≤50mm；a≤300mm；	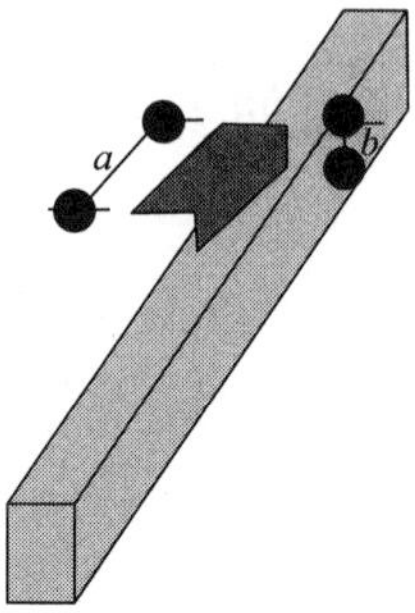

ALC 墙板破损修补方法　　　　　　　　　　表 7-17

序号	修补方法	图例
1	边角破损程度：符合表 7-16	
2	修补：用专用修补材按照一定的水灰比调匀后分次进行修补	

序号	修补方法	图例
3	修补板面刮平：在修补材初凝后用钢锯条将板面刮平	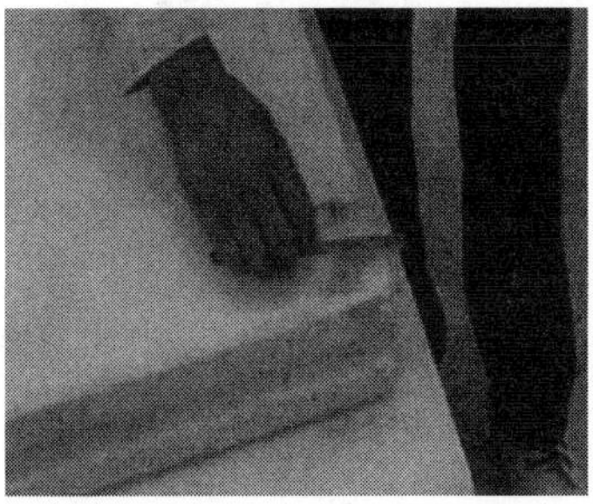

7.4　本章小结

本章通过详细介绍 ALC 墙板的主要规格、性能、技术要求，从原材料、钢筋配筋、配合比、生产工艺流程、工艺各工序的操作要点、质量管理等多方面帮助大家了解 ALC 墙板的产品生产实现。使大家更全面了解 ALC 墙板的性能，供大家在使用时参考。

第八章 主要产品示例二：蒸压陶粒混凝土墙板

蒸压陶粒混凝土墙板说明见表 8-1。

蒸压陶粒混凝土墙板简介 表 8-1

产品生产工艺	蒸压陶粒混凝土墙板以硅酸盐水泥、外掺料、陶粒、砂、发泡剂、外加剂和水等原料配制的轻质混凝土为基料，内置焊接冷拔钢筋网架，经振动成型、抽芯和蒸压养护制成的轻质混凝土空心墙板	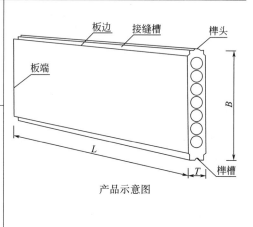 产品示意图
产品性能与特点	蒸压陶粒混凝土墙板经常压养护,再在高压釜中高温高压蒸养,产品尺寸规范、表面平整、材料均匀、结构密实、性能稳定,既保证混凝土的各项优越的物理性能,更兼有陶粒隔热、保温、吸声、防火、防潮等特性	

8.1 产品规格、性能、质量要求

8.1.1 产品规格尺寸

蒸压陶粒混凝土墙板产品按断面不同分空心板、实心板两类,按用途不同分普通板、特种板（如：门窗洞边板、加强板和线管、盒板）等品种。其产品规格尺寸一般如表 8-2 所示,其他规格尺寸可按需方要求定制。

产品规格尺寸 表 8-2

项次	厚度(mm)	宽度(mm)	长度(mm)
1	90	595	2400～3200
2	100	595	2400～3200
3	120	595	2400～3200
4	150	595	2400～3200
5	200	595	2400～3200

注：其他规格尺寸可由供需双方商订生产。

8.1.2 产品性能及技术要求

1.性能指标

蒸压陶粒混凝土墙板具有轻质高强、防火、隔热、保温性能、防潮、隔声等性能，其性能指标一般需满足表8-3要求。

墙板的性能指标 表8-3

项次	墙板性能	性能指标
1	轻质高强	产品干密度是传统砌墙砌体的一半，抗压强度≥5MPa
2	防火、隔热、保温性能	产品以轻质陶粒做为粗骨料。由于陶粒内部有多微孔，热流传递路线延长，具有良好的保温隔热性能，导热系数一般可达 0.4W/(m²·K)。耐火性：90mm厚墙板防火≥2.0h，100~120mm 厚墙板≥3.0h
3	防潮性能	产品在无任何饰面的情况下，做防水防渗试验，其背面能保持干燥不留任何痕迹，而且在潮湿天气里墙面也不会出现冷凝水珠
4	隔声性能	90mm 厚墙板隔声量≥35dB；100mm 厚墙板隔声量≥40dB；150mm 厚墙板隔声量≥50dB
5	应用性能	1.产品内配双层双向冷拔钢筋网架，可根据施工要求，任意开洞、切割、回填，且不影响墙板结构稳定性；内有贯通圆孔，方便水电管线的安装； 2.产品的任何一点都可用锚固螺丝安装悬挂物，吊挂力达到 300kg，且锚固件保持原位，无松动或脱落

2.技术要求

蒸压陶粒混凝土墙板产品应符合现行国家标准《建筑用轻质隔墙条板》GB/T 23451 的相关技术要求，并符合下列要求：

（1）蒸压陶粒混凝土墙板尺寸允许偏差

墙板的尺寸允许偏差应符合表8-4规定。

蒸压陶粒混凝土墙板尺寸允许偏差 表8-4

项次	项目	允许偏差
1	长度	±5mm
2	宽度	±2mm
3	厚度	±1mm
4	壁厚*	≥12mm
5	板面平整度	≤1.5mm
6	对角线差	≤5mm
7	侧向弯曲	<L/1000

* 空心墙板应测壁厚。

（2）外观质量

墙板的外观质量应符合表8-5规定。

外观质量指标   表 8-5

项次	项目	指标
1	板面外露筋、纤；飞边毛刺；板面泛霜；板的横向、纵向、厚度方向贯通裂纹	不应有
2	长径 5～30mm 蜂窝气孔	≤3 处/板
3	缺棱掉角，宽度×长度 10mm×25mm～20mm×30mm	无
4	板面裂缝，长度 50～100mm，宽度 0.5～1.0mm	无
5	芯孔状况 *	圆整，无塌落

* 空心墙板应测芯孔状况。

(3) 力学与物理性能指标

墙板的力学与物理性能指标应符合表 8-6 规定。

力学与物理力学性能指标   表 8-6

项次	项目	指标				检验标准
		板厚 90mm	板厚 100mm	板厚 120mm	板厚 150mm	
1	抗冲击性能	经 5 次抗冲击试验后，板面无裂痕				参照现行国家标准《建筑用轻质隔墙条板》GB/T 23451 的相关要求
2	抗弯承载（板自重倍数）	≥1.65				
3	抗压强度（MPa）	≥5.0				
4	软化系数	≥0.80				
5	面密度（kg/m²）	≤100	≤110	≤110	≤140	
6	含水率（%）	≤5				
7	干燥收缩值（mm/m）	≤0.4				
8	吊挂力	荷载 1500N 静置 24h，板面无宽度超过 0.5mm 的裂缝				
9	抗冻性	15 次冻融循环不应出现可见的裂纹且表面无变化				
10	空气声隔声量（dB）	≥35	≥40	≥45	≥50	参照现行国家标准《声学 建筑和建筑构件隔声测量 第 3 部分：建筑构件空气声隔声的实验室测量》GB/T 19889.3 的相关要求
11	耐火极限（h）	≥2.0	≥3.0	≥3.0	≥3.0	参照现行国家标准《建筑构件耐火试验方法 第 1 部分：通用要求》GB/T9978.1 的相关要求
12	燃烧性能	A 级				参照现行国家标准《建筑材料及制品燃烧性能分级》GB 8624 的相关要求

（4）放射性核素限量

墙板的放射性核素限量应符合表 8-7 规定。

放射性核素限量　　　　　　　　　　　　　　表 8-7

项目	指标	
制品中镭-226、钍-232、钾-40 放射性核素限量	实心板	空心板（空心率大于 25%）
I_{Ra}（内照射指数）	≤1.0	≤1.0
I_v（外照射指数）	≤1.0	≤1.3

8.2　蒸压陶粒混凝土墙板的生产

8.2.1　常用原材料规格和要求

蒸压陶粒混凝土墙板常用原材料包括：水泥、硅砂粉、粉煤灰、陶粒（陶砂）、砂子、外加剂、发泡剂、水、冷拔钢筋、钢筋（丝）网架、配件等，其规格和要求见表 8-8。

常用原材料规格和要求　　　　　　　　　　　表 8-8

项次	原材名称	常用规格和要求	执行标准、规定
1	水泥	采用普通硅酸盐水泥 P·Ⅱ52.5、P·Ⅱ42.5	GB 175
2	硅砂粉	硅砂粉的质量应符合以下要求：SiO_2 含量≥90%，比表面积 ≥4000cm²/g，细度：0.08mm 孔筛筛余量≤4.0%	JC/T 950
3	粉煤灰	使用Ⅱ级粉煤灰	GB/T 1596
4	陶粒、陶砂	采用堆积密度 500kg/m³ 以下的陶粒，或采用堆积密度 600kg/m³ 以下的陶砂	GB/T 17431.1
5	砂	细度模数 2.4~3.0 的中粗砂	GB/T 14684
6	外加剂	采用高效减水剂（聚羧酸），严禁使用氯盐类外加剂	GB 8076
7	发泡剂	技术要求和质量应符合相应标准的规定。发泡剂的发泡倍数应大于 20 倍，消泡时间大于 2h。1h 泡沫的沉降距不大于 10mm。1h 泌水量不大于 80ml	JC/T 2199
8	水	混凝土拌和用水应符合 JGJ 63 要求	JGJ 63
9	冷拔钢筋	直径为 6.5mm 低碳钢热轧圆钢筋，冷拔成直径为 4.0mm 冷拔丝	GB/T 1499.1
10	钢筋（丝）网架	网架一般用 φ4.0 冷拔钢丝采用点焊机电焊而成。网架的厚度按墙板厚度而定，网架宽度比板的宽度小 30mm，长度比板长度小 70mm。钢丝的保护层不小于 15mm。钢丝长度误差控制在 5mm 以内，网架横向箍筋间距约 500mm。网架的纵向钢丝每面不少于 3 根，对有加强、加长等特种板要求的钢筋网架由供需双方另行商定	—
11	其他材料	其他安装配件、辅助材料，均应由正规厂家生产，有产品合格证，并有资质检测机构的检验报告等文件	—

8.2.2　陶粒混凝土配合比

根据陶粒混凝土墙板的不同类型从表 8-9 中选定基本配合比。

基本配合比　　　　　　　　　　　　　　　　表 8-9

名称		单位	100 立模	150 立模	200 立模
胶凝材料 （380～400kg）	水泥	kg	340～380	340～380	340～380
	矿粉掺合料	kg	0～40	0～40	0～40
	粉煤灰	kg	0～30	0～30	0～30
骨料 （1000～1100kg）	砂	%	75～80	70～75	65～70
	陶粒	%	20～25	25～30	30～35
外加剂（胶比）	减水剂	%	0.18～0.20	0.10～0.15	0.02～0.10
	发泡剂	%	0.15～0.20	0.15～0.20	0.15～0.20
水胶比		%	30～35	30～35	30～35
预养温度		℃	40～45	40～45	40～45
蒸养温度		℃	80	80	80

基本配合比选定完成后，应根据原材料质量、检验状态、生产工艺等确定最佳生产配合比用于生产。

8.2.3　生产工艺及要求

1. 生产工艺流程

蒸压陶粒混凝土墙板的生产工艺流程参照图 8-1 执行。

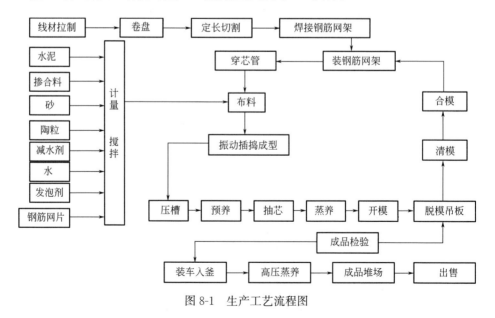

图 8-1　生产工艺流程图

2. 工艺要求

蒸压陶粒混凝土墙板生产严格按照各工序工艺要求执行，各工序工艺要求见表8-10。

各工序工艺要求

表 8-10

序号	工序	工艺要求	备注
1	原材料备料	1.陶粒首先要预湿水到饱和,大粒径的需破碎后才能使用,进厂的两种粒级规格陶粒应分别堆放,使用时不同粒级的,必须按规定单独或掺合使用; 2.因陶粒离析较大,要求陶粒储料仓中剩余料接近三分之一时要及时上料; 3.定期清洗加气剂、减水剂储罐,加气剂储罐不得沾有任何油污,钢丝刷要经常更换以免影响气泡质量	 
2	计量、搅拌	1.所有计量设备需定期校准,水泥、磨细砂、减水剂、加气剂、水允许偏差±1%,砂、陶粒允许偏差2%; 2.采用二次投料法,从粗骨料投料到搅拌完卸料整个过程控制在3~5min为宜; 3.抽检拌合物坍落扩展度,控制在400±50mm范围(夏季控制在上限,冬季控制在下限)	
3	拆模、清模	混凝土脱模强度须≥5MPa方可拆模;应选择合适的吊环及吊钩,吊板时应轻吊轻放;模腔两侧端模小端头定位架等须清刷干净,底模内冷凝水须用拖把拖干净;废机油、肥皂水按规定比列进行勾兑,使用前搅拌须充分防止机油与肥皂水分层影响脱模效果;观察合模情况,端模与本体的固定销能否装上,小端头及定位架是否放置到位	
4	放置钢筋网架及穿芯检查	网架有无脱焊弯曲变形现象,网架的定位架有无脱落;芯管是否穿到位;芯管有无弯曲变形现象是否清洗干净	
5	布料、振捣	1.上套模具生产的剩料要及时铲入非端头区,和刚放下的料搅拌均匀,但沾水、沾油的废料不得再用,端头布料需饱满; 2.振捣时振动片须沿模具两侧来回振捣,不能出现漏振及少振现象;不得定点长时间振捣,以免混凝土分层; 3.当某块模腔少料时应就近取料再振捣	

序号	工序	工艺要求	备注
6	压槽	压槽刀是否变形,有无大小边现象;压出的榫槽须光滑平整,无陶粒外露,无大小边,无高低起伏现象;不同厚度的板应采用对应的压槽刀	
7	静停、抽芯	混凝土须达到一定强度才可抽芯(过早易产生芯孔塌陷,过晚抽芯困难易使混凝土开裂);每抽完一套模具芯管须清洗干净	
8	常压蒸养	蒸养过程分为静停、升温、恒温、降温,抽芯前也静停可直接升温,恒温温度控制在 80±5℃。恒温时间未到不得提前开门,气压过低可延长蒸养时间;降温阶段为恒温结束至吊板前,时间不得少于 1h,要求将模具拉出蒸养窑后静停降温	
9	高压蒸养	蒸压养护分为四个阶段:升压阶段、恒压阶段、降压阶段、开门降温阶段,当釜内压力降至零后,相继打开两端釜门使墙板通风降温,当墙板温度基本下降后,方可拉板出釜。出釜时如果下雨、刮大风,应及时盖好油布,避免降温过快,墙板收缩不均匀形成裂纹	
10	成品堆放	成品应按规格、类型分别堆放。墙板堆放时,最下层两支点位置应在 0.2L 处放垫板,同一位置上各层支承点宜在同一位置上	

8.3 质量管理

8.3.1 成品检验

墙板的成品检验项目及检验频率见表 8-11。

成品检验项目及检验频率   表 8-11

项次	项目	技术要求	检验工具	检验频率	质量管理控制措施
1	长度尺寸	尺寸偏差：±2mm	卷尺	全检	建立《不合格产品分类统计表》
2	宽度尺寸	尺寸偏差：(0,−2)mm	卷尺	全检	建立《不合格产品分类统计表》
3	高度尺寸	尺寸偏差：±2mm	卷尺	全检	建立《不合格产品分类统计表》
4	外观	表面无油污，无疏松层裂；缺棱掉角个数：<1 个；<30mm 无平面弯曲，无裂纹	目测/卷尺	全检	建立《不合格产品分类统计表》
5	面密度（kg/m^2）	90mm，≤100 100mm，≤110 120mm，≤110 150mm，≤140	卷尺，计量称	3 次/d	建立《成品检测记录》
6	抗压强度	≥7.5MPa	抗压测试机	3 次/d	建立《成品检测记录》
7	结构性能	符合国家标准	百分表、砝码、钢尺	1 次/批	建立《板材测试记录》

8.3.2　出厂管理

（1）出厂产品要进行质量检验，由质量检验机构签发产品合格证后方能出厂；

（2）出厂产品应分等堆放，并且有足够的存放期；

（3）企业在处理不合格品时，除在供货合同中注明外，尚应另发使用说明书，详细说明准用、禁用的范围；

（4）企业要建立用户档案，定期走访用户，征求意见，改进质量。

8.4　本章小结

本章主要介绍了轻质墙板市场上另一种主要产品蒸压陶粒混凝土墙板，从原材料要求、钢筋配筋、配合比、生产工艺流程、各工序的操作要点、质量管理等多方面介绍产品生产实现。使大家更全面了解蒸压陶粒混凝土墙板产品性能，将更有利于墙板材料质量的提高及行业的发展。

附录 图表统计

续表

参考文献

[1] 混凝土结构工程施工质量验收规范 GB 50204—2105 [S]. 北京：中国建筑工业出版社，2015.

[2] 装配式混凝土建筑技术标准 GB/T 51231—2016 [S]. 北京：中国建筑工业出版社，2017.

[3] 混凝土结构工程施工规范 GB 50666—2011 [S]. 北京：中国建筑工业出版社，2012.

[4] 装配式混凝土结构技术规程 JGJ 1—2014 [S]. 北京：中国建筑工业出版社，2014.

[5] 混凝土结构设计规范 GB 50010—2010 [S]. 北京：中国建筑工业出版社，2011.

[6] 起重机 钢丝绳 保养、维护、安装、检验和报废 GB/T 5972—2016 [S]. 北京：中国标准出版社，2016.

[7] 钢筋混凝土用钢 第 1 部分：热轧光圆钢筋 GB/T 1499.1—2017 [S]. 北京：中国标准出版社，2017.

[8] 钢筋混凝土用钢 第 2 部分：热轧带肋钢筋 GB/T 1499.2—2018 [S]. 北京：中国标准出版社，2018.

[9] 预应力混凝土用螺纹钢筋 GB/T 20065—2016 [S]. 北京：中国标准出版社，2016.

[10] 预应力混凝土用钢丝 GB/T 5223—2014 [S]. 北京：中国标准出版社，2014.

[11] 预应力混凝土用钢绞线 GB/T 5224—2014 [S]. 北京：中国标准出版社，2015.

[12] 钢筋连接用灌浆套筒 JG/T 398—2019 [S]. 北京：中国标准出版社，2020.

[13] 钢筋机械连接技术规程 JGJ 107—2016 [S]. 北京：中国建筑工业出版社，2016.

[14] 钢筋机械连接用套筒 JG/T 163—2013 [S]. 北京：中国建筑工业出版社，2013.

[15] 装配式结构工程施工质量验收规程 DGJ32/J 184—2016 [S]. 南京：江苏凤凰科学技术出版社，2016.

[16] 预制预应力混凝土装配整体式结构技术规程 DGJ32/TJ199—2016 [S]. 南京：江苏凤凰科学技术出版社，2016.

[17] 预应力混凝土用金属波纹管 JG/T 225—2020 [S]. 北京：中国标准出版社，2020.

[18] 通用硅酸盐水泥 GB 175—2007 [S]. 北京：中国标准出版社，2007.

[19] 普通混凝土用砂、石质量及检验方法标准 JGJ 52—2006 [S]. 北京：中国建筑工业出版社，2007.

[20] 混凝土拌和用水标准 JGJ 63—2006 [S]. 北京：中国建筑工业出版社，2006.

[21] 混凝土外加剂 GB 8076—2008 [S]. 北京：中国标准出版社，2008.

[22] 混凝土外加剂应用技术规范 GB 50119—2013 [S]. 北京：中国建筑工业出版社，2014.

[23] 聚羧酸系高性能减水剂 JG/T 223—2017 [S]. 北京：中国标准出版社，2017.

[24] 混凝土质量控制标准 GB 50164—2011 [S]. 北京：中国建筑工业出版社，2011.

[25] 用于水泥和混凝土中的粉煤灰 GB/T 1596—2017 [S]. 北京：中国标准出版社，2017.

[26] 用于水泥砂浆和混凝土中的粒化高炉矿渣粉 GB/T 18046—2017 [S]. 北京：中国标准出版社，2017.

[27] 砂浆和混凝土用硅灰 GB/T 27690—2011 [S]. 北京：中国标准出版社，2011.

[28] 水泥基灌浆材料应用技术规范 GB/T 50448—2015 [S]. 北京：中国建筑工业出版社，2015.

[29] 钢筋连接用套筒灌浆料 JG/T 408—2013 [S].北京：中国标准出版社，2013.

[30] 钢筋套筒灌浆连接应用技术规程 JGJ 355—2015 [S].北京：中国建筑工业出版社，2015.

[31] 普通混凝土长期性能和耐久性能试验方法标准 GB/T 50082—2009 [S].北京：中国建筑工业出版社，2009.

[32] 混凝土耐久性检验评定标准 JGJ/T 193—2009 [S].北京：中国建筑工业出版社，2010.

[33] 水泥取样方法 GB/T 12573—2008 [S].北京：中国标准出版社，2008.

[34] 普通混凝土拌合物性能试验方法标准 GB/T 50080—2016 [S].北京：中国建筑工业出版社，2017.

[35] 混凝土物理力学性能试验方法标准 GB/T 50081—2019 [S].北京：中国建筑工业出版社，2019.

[36] 矿物掺合料应用技术规范 GB/T 51003—2014 [S].北京：中国建筑工业出版社，2014.

[37] 高强高性能混凝土用矿物外加剂 GB/T 18736—2017 [S].北京：中国标准出版社，2017.

[38] 混凝土外加剂 GB 8076—2008 [S].北京：中国标准出版社，2009.

[39] 普通混凝土配合比设计规程 JGJ 55—2011 [S].北京：中国建筑工业出版社，2011.

[40] 碳素结构钢 GB/T 700—2006 [S].北京：中国标准出版社，2007.

[41] 钢的成品化学成分允许偏差 GB/T 222—2006 [S].北京：中国标准出版社，2006.

[42] 低合金高强度结构钢 GB/T 1591—2018 [S].北京：中国标准出版社，2018.

[43] 结构用无缝钢管 GB/T 8162—2018 [S].北京：中国标准出版社，2018.

[44] 直缝电焊钢管 GB/T 13793—2016 [S].北京：中国标准出版社，2017.

[45] 建筑抗震设计规范 GB/T 50011—2010（2016 年版）[S].北京：中国建筑工业出版社，2016.

[46] 优质碳素钢热轧盘条 GB/T 4354—2008 [S].北京：中国标准出版社，2009.

[47] 预应力钢丝及钢绞线用轧盘条 GB/T 24238—2017 [S].北京：中国标准出版社，2017.

[48] 预应力混凝土用螺纹钢筋 GB/T 20065—2016 [S].北京：中国标准出版社，2017.

[49] 钢筋锚固板应用技术规程 JGJ 256—2011 [S].北京：中国建筑工业出版社，2011.

[50] 聚氨酯硬泡复合保温板 JG/T 314—2012 [S].北京：中国质检出版社，2013.

[51] 混凝土制品用脱模剂 JC/T 949—2005 [S].北京：中国建材工业出版社，2005.

[52] 热轧花纹钢板及钢带 GB/T 33974—2017 [S].北京：中国标准出版社，2017.

[53] 预应力钢丝及钢绞线用热轧盘条 YB/T 146—1998 [S].北京：中国标准出版社，1998.

[54] 制丝用非合金钢盘条 第1部分：一般要求 GB/T 24242.1—2009 [S].北京：中国标准出版社，2009.

[55] 制丝用非合金钢盘条 第2部分：一般用途盘条 GB/T 24242.2—2009 [S].北京：中国标准出版社，2009.

[56] 绝热用模塑聚苯乙烯泡沫塑料 GB/T 10801.1—2002 [S].北京：中国标准出版社，2002.

[57] 绝热用挤塑聚苯乙烯泡沫塑料（XPS）GB/T 10801.2—2018 [S].北京：中国标准出版社，2018.

[58] 蒸压加气混凝土板 GB 15762—2008 [S].北京：中国标准出版社，2009.

[59] 蒸压轻质加气混凝土板（NALC）构造详图 03SG715-1 [S].北京：中国建筑标准设计研究所，2003.

[60] 蒸压加气混凝土砌块、板材构造 13J104 [S].北京：中国计划出版社，2014.

[61] 蒸压轻质砂加气混凝土（AAC）砌块和板材结构构造 06CG01 [S].北京：中国建筑标准设计研究院，2007.

[62] 蒸压轻质砂加气混凝土（AAC）砌块和板材建筑构造 06CG05 [S].北京：中国建筑标准设

计研究院，2007.

[63] 蒸压轻质加气混凝土板应用技术规程 DGJ32/TJ 06—2017 [S].南京：江苏凤凰科学技术出版社，2017.

[64] 预应力高强混凝土管桩用硅砂粉 JC/T 950—2005 [S].北京：中国建材工业出版社，2005.

[65] 建筑用轻质隔墙条板 GB/T 23451—2009 [S].北京：中国标准出版社，2009.

[66] 建筑轻质条板隔墙技术规程 JGJ/T 157—2014 [S].北京：中国建筑工业出版社，2014.

[67] 中国有色工程有限公司.混凝土构造手册（第五版）[M].北京：中国建筑工业出版社，2014.

[68] 张金树.装配式建筑混凝土预制构件生产与管理 [M].北京：中国建筑工业出版社，2017.

[69] 高中.装配式混凝土建筑口袋书：构件制作 [M].北京：机械工业出版社，2019.

[70] 黄营.装配式混凝土建筑口袋书：钢筋加工 [M].北京：机械工业出版社，2019.